Technik, Wissenschaft und Politik

Peter Biniok (Hrsg.)

Technik, Wissenschaft und Politik

Neue Forschungsperspektiven

PETER LANG
Frankfurt am Main · Berlin · Bern · Bruxelles · New York · Oxford · Wien

Bibliografische Information der Deutschen Nationalbibliothek
Die Deutsche Nationalbibliothek verzeichnet diese Publikation
in der Deutschen Nationalbibliografie; detaillierte bibliografische
Daten sind im Internet über http://dnb.d-nb.de abrufbar.

Umschlaggestaltung:
Olaf Glöckler, Atelier Platen, Friedberg

Gedruckt auf alterungsbeständigem,
säurefreiem Papier.

ISBN 978-3-631-60368-0
© Peter Lang GmbH
Internationaler Verlag der Wissenschaften
Frankfurt am Main 2010
Alle Rechte vorbehalten.

Das Werk einschließlich aller seiner Teile ist urheberrechtlich
geschützt. Jede Verwertung außerhalb der engen Grenzen des
Urheberrechtsgesetzes ist ohne Zustimmung des Verlages
unzulässig und strafbar. Das gilt insbesondere für
Vervielfältigungen, Übersetzungen, Mikroverfilmungen und die
Einspeicherung und Verarbeitung in elektronischen Systemen.

www.peterlang.de

Inhaltsverzeichnis

Vorwort   vii

1. Einleitung
   (Peter Biniok)   1

I. Wissenschaft und Forschung

2. Zwischen Innovationsdynamik und Anpassungsstrategien: Wechselwirkungen zwischen Förderorganisationen und Wissenschaft im Feld der synthetischen Biologie
   (Clemens Blümel)   7

3. Technologische Plattformen und ihr Beitrag zur Entwicklung der Nanowissenschaften
   (Peter Biniok)   23

II. Politik und Innovation

4. Innovationsprojekte zwischen forschungsintensiven und forschungsschwachen Unternehmen – Abstimmungsprobleme und Lösungsansätze
   (Katrin Hahn)   35

5. Technologiepolitik und klimafreundliche Technologien: Die Legitimierung von neuen Politikinitiativen durch Diskurs und deren Implementierung
   (Florian Kern)   51

6. Politikinnovation in der Innovationspolitik? Internationale Innovations- und Wissenschaftspolitik in Schwellenländern
   (Britta Rennkamp)   67

III. Technologie und Gesellschaft

7. Technologie und Geschlecht: Vergeschlechtlichte Praktiken, Objektivierungen und Deutungsmuster an der Schnittstelle von Entwicklung und Nutzung von Energietechnologien (Ursula Offenberger)   85

8. Vertrauensbildende Maßnahmen für's Internet: Keysigning im Spannungsfeld von Vertrauen und subtilem Othering (Silke Meyer)   95

Autorenhinweise   107

Vorwort

Forschung zum Verhältnis von Wissenschaft, Technik, Politik und Gesellschaft gewinnt an Relevanz. Es geht um die Frage der gesellschaftlichen Gestaltung und der weiteren Folgen von wissenschaftlichen und technischen Entwicklungsprozessen. Während Wissenschaft und Technik in der Hochzeit modernen Fortschrittsglaubens eine außerhalb der Gesellschaft und jenseits von politischen Auseinandersetzungen operierende Rationalität zugesprochen wurde, ist unsere Zeit – neben der weiter zunehmenden Zukunftsgestaltung durch Wissenschaft und Technik – davon geprägt, dass die Kontroversen darüber zunehmen, ob und wie Wissenschaft und Technik angemessene Formen für die Bearbeitung gesellschaftlicher Probleme bieten, inwieweit sie Unabhängigkeit und Neutralität behaupten können und wofür sie konkret, d. h. für die Entwicklung welcher zukünftigen Lebens- und Produktionsformen, sie einen Beitrag leisten sollen. Diese Fragen zeigen sich am Beispiel von erneuerbaren Energien und Internet, Stammzellenforschung und Nanotechnologie sowie BSE und Schweinegrippe, um nur einige prominente Beispiele zu nennen. Gemeinsam ist diesen Debatten, dass die Vorstellung, Wissenschaft und Technik seien gesellschaftlichen und politischen Kontexten enthoben und würden neutral und kontinuierlich dazu beitragen, die Kontrolle der Menschen über ihr eigenes Schicksal zu erhöhen und gesellschaftlichen Fortschritt und Lebensqualität zu unterstützen, offensichtlich passé ist. Wissenschaft und Technik entstehen in gesellschaftlichen Prozessen und wirken sich direkt auf diese aus. Dementsprechend sind sie von politischen Auseinandersetzungen geprägt, in denen plurale Perspektiven und Interessen aufeinander treffen und sich Machtverhältnisse konstituieren.

Neben überbordenden öffentlichen Debatten, einer Vielzahl von Gutachten und Gegengutachten, Ethikkommissionen, und strategischer Forschungsförderung zeigt sich die zunehmende Bedeutung von Fragen zur Beziehung von Wissenschaft, Technik, Politik und Gesellschaft an der rapiden internationalen Entwicklung des Forschungsfeldes der Science and Technology Studies. Die Konferenzen der großen Vereinigungen wie European Association for the Study of Science and Technology (EASST) und Social Studies of Science and Society (4S) verzeichnen von Jahr zu Jahr zunehmende Teilnehmerzahlen.

In Deutschland erfolgt die Entwicklung eines entsprechenden Forschungsfeldes jedoch nur zögerlich (trotz der auch international beachteten Beiträge aus dem Starnberger Max-Planck-Institut zur Erforschung der Lebensbedingungen der wissenschaftlich-technischen Welt in den 1970er Jahren und der Arbeit einzelner Forscher, die ihre Karrieren teilweise in Verbindung mit dem Starnberger Institut begonnen haben). Die starke Bedeutung klassischer disziplinärer Grenzen und eine entsprechende Ausrichtung von Förderinstitutionen, Lehrstühlen und Karriereverläufen erschwert die Selbstbeforschung der Wissenschaft und die systematische Reflexion der gesellschaftlichen Einbettung von Wissenschaft und Technik, bei der der enge Fokus und die Legitimation etablierter Fächer in Frage gestellt werden könnte.

Vor diesem Hintergrund hat der Arbeitskreis Politik, Wissenschaft und Technik der Deutschen Vereinigung für Politische Wissenschaft (damals AK Politik und Technik) zusammen mit der Sektion Wissenschafts- und Technikforschung der Deutschen Gesellschaft für Soziologie im Herbst 2008 eine gemeinsame Nachwuchstagung durchgeführt. Das Ziel war es, den thematischen Gegenstand, das Verhältnis von Technik, Politik und Gesellschaft, in den Vordergrund zu stellen – und nicht bestimmte, disziplinär strukturierte Perspektiven und Forschungsfragen. Damit wurde ein Raum geschaffen, in dem sich junge Forscherinnen und Forscher über die spezifischen, sich aus diesem Gegenstand ergebenden Fragen verständigen, ihre Forschungszugänge miteinander diskutieren und sich miteinander vernetzen können.

Die Resonanz auf unseren offenen Call for Papers sowie die Qualität der Beiträge und der Diskussion zeigen, dass es auch im deutschen Forschungskontext großes Interesse und ein bemerkenswertes Potenzial für Forschung zum Verhältnis von Wissenschaft, Technik, Politik und Gesellschaft gibt. Dabei haben viele der beitragenden Autoren gerade in der, disziplinäre Grenzen überschreitenden, Bezugnahme auf den Gegenstand zum ersten Mal ein Umfeld gefunden, von dem sie den Eindruck hatten, dass es zu ihren Forschungsambitionen passt und wo sie eine Community aufbauen können, mit der sie ihre Fragen, Einsichten und Methoden weiterentwickeln können.

Ein vorzüglicher Ausdruck dessen ist das vorliegende Buch, das aus der eigenen Initiative von Teilnehmerinnen und Teilnehmern der Tagung hervorgegangen ist. In Hinsicht auf die Entwicklung der Science and Technology Studies in Deutschland stellt dieses Buch ein bedeutendes Werk dar. Neben der Versammlung einiger ausgezeichneter Beiträge aus den Werkstätten von Doktorandinnen und Doktoranden, die ihre Forschung in einem breiten Spektrum von organisationalen Kontexten betreiben, reflektiert der Band den Willen einer jungen

Generation von Forschenden, neue inhaltliche Räume zu besetzen und sich dafür den institutionellen Raum zwischen etablierten Lehrstühlen und Fachvereinigungen selbst zu schaffen.

Jan-Peter Voß, Berlin im Dezember 2009

1. Einleitung

Peter Biniok

Am 16. und 17. Oktober 2008 fand an der Technischen Universität Berlin in Kooperation des Arbeitskreises Politik, Wissenschaft und Technik der Deutschen Vereinigung für Politische Wissenschaft und der Sektion Wissenschafts- und Technikforschung der Deutschen Gesellschaft für Soziologie die „Themenoffene Nachwuchstagung: Technik, Politik und Gesellschaft" statt. Unter diesem thematisch breit angelegten Programmschirm versammelte sich ein interdisziplinäres Publikum an Nachwuchswissenschaftlerinnen und Nachwuchswissenschaftlern um sozialwissenschaftliche Forschungsarbeiten zu präsentieren und zu diskutieren.

Die bei dieser Tagung vorgestellten Arbeiten, meist im Entstehen begriffene Dissertationen, differierten in dreifacher Hinsicht. Erstens wurde das Angebot der thematischen Offenheit angenommen und die Beiträge behandelten eine Vielzahl von Problemstellungen aus den Bereichen Wissenschafts- und Technikforschung, Innovationsforschung sowie Politikwissenschaften. In Ergänzung dieser thematischen Vielfalt zeigte sich zweitens eine methodische Diversität, die von sozialwissenschaftlichen Ansätzen der Mikroebene wie Ethnografie über Diskursanalyse bis hin zu makroperspektivischen Untersuchungen von nationalen Innovationssystemen reicht. Und drittens unterschieden sich die Forschungsarbeiten nach dem gegenwärtigen Stand der Ausarbeitung: In einigen Fällen wurden analytische Konzepte und Denkansätze vorgestellt, in anderen Fällen wurden empirische (Teil-)Analysen zur Diskussion gebracht.

Als durchgängiger Tenor wurde in jedem wissenschaftlichen Vorhaben ein Bezug zu Technik hergestellt, womit sich ein Bogen über alle Beiträge der Tagung erstreckte. Technik als Forschungsgegenstand wurde zu einer Vermittlungsinstanz, um das Nachdenken über den Zusammenhang von Technik, Wissenschaft und Politik sowie den Dialog über die Disziplinengrenzen hinweg zu erleichtern. Dass dies letzendlich möglich war, ist der Bereitschaft aller Teilnehmerinnen und Teilnehmer zu verdanken, die Forschungsperspektiven der anderen Diskutanten einzunehmen und nicht in der Herkunftsdisziplin verhaftet zu bleiben.

Der vorliegende Band beinhaltet eine Zusammenstellung der Beiträge dieser Tagung.[1] Die angesprochene Differenz der Beiträge bringt es mit sich, dass mit dieser Publikation keine fundierte Einsicht in einen relativ abgegrenzten Themenbereich anhand detailliert ausgearbeiteter Studien geleistet wird. Ziel des Sammelbandes ist es hingegen zum einen, über aktuelle Forschungsprojekte des sozialwissenschaftlichen Nachwuchses zu informieren. Und zum anderen sind interessierte Doktorierende, aber natürlich auch erfahrenere Wissenschaftlerinnen und Wissenschaftler, eingeladen, Anschlüsse an ihre Forschungsarbeiten zu finden und mit den Autorinnen und Autoren in Kontakt zu treten. Das Buch ist wie folgt in drei Abschnitte gegliedert.

In Teil I „Wissenschaft und Forschung" thematisiert zunächst *Clemens Blümel* das Verhältnis von Forschungsförderung und wissenschaftlicher Forschung am Beispiel der synthetischen Biologie in Deutschland. Ausgehend von der Feststellung, dass ein kontextueller Wandel der Wissenschaft stattfindet, der durch Projektförderung, Drittmittelfinanzierung und eine Differenzierung der Förderinstrumente gekennzeichnet ist, stellt Blümel die Frage, wie sich diese Veränderungen auf die Kooperationsbeziehungen zwischen den Akteuren aus den Bereichen Wissenschaft und Forschungsförderung auswirken. Konkret wird untersucht, inwiefern sich Wissenschaftler den veränderten Förderbedingungen anpassen, da es, wie erste empirische Befunde zeigen, Passungsprobleme zwischen den Strategien der Wissenschaftler und den, nicht auf strukturelle Veränderungen vorbereiteten, Förderorganisationen gibt.

Der zweite Text stellt eine Untersuchung technologischer Plattformen in der Schweiz von *Peter Biniok* vor. Nach einer Diskussion der Konzeption technologischer Plattformen in der Wissenschafts- und Technikforschung wird der Frage nachgegangen, inwiefern diese Strukturen einen Beitrag zur Konstitution des Forschungsfeldes Nanowissenschaften leisten können, auch wenn sie, wie es in der Schweiz der Fall ist, keine dezidiert nanowissenschaftlichen Einrichtungen sind. Anhand zweier Fallbeispiele wird gezeigt, dass „Technologieentwicklung" und Bereitstellung eines „Kontaktraumes" mögliche Dimensionen sind, in denen die Entwicklung nanowissenschaftlicher Forschung durch technologische Plattformen unterstützt werden kann.

---

[1] An dieser Stelle gilt der Dank Lena Partzsch, Malaika Rödel und Joscha Wullweber für Ihre Anregungen und Kommentare auf der Tagung sowie Axel Sylvester für die Unterstützung bei der Vorbereitung dieses Bandes.

Zu Beginn des Teils II „Politik und Innovation" analysiert *Katrin Hahn* Innovationsprojekte und Kooperationsbeziehungen zwischen forschungsintensiven und forschungsschwachen Unternehmen und Instituten in Deutschland. In diesen Konstellationen heterogener Akteure ist eine erhöhte Komplexität der Interaktionsbeziehungen zu verzeichnen. Im Zentrum der Arbeit steht daher die Frage, wie die daraus resultierenden Abstimmungs- und Koordinationsprobleme bewältigt werden können. Hahns These lautet, dass dazu die Etablierung eines interdisziplinären Diskursraumes notwendig ist. Basierend auf Disco und van der Meulens theoretischem Ansatz, dass die Koordination verteilter Akteure durch lokale und globale Ordnungen erfolgt, wird die Idee des interdisziplinären Diskursraums konkretisiert, werden die drei Dimensionen „Raum", „Zeit" und „Diskurs" als zentrale Merkmale eines derartigen Diskursraums vorgestellt und werden mögliche Auswirkungen dieser Merkmale auf die Interaktionsstruktur der Akteure beschrieben.

Darauf folgend untersucht *Florian Kern* die politischen Einflüsse auf Technologieentwicklung am Beispiel von „Carbon Trust" in Großbritannien. Er verdeutlicht in seinem Beitrag, dass die Diskursanalyse ein geeignetes Instrument für diese Art von Forschung darstellt. Kern kombiniert den Ansatz des ‚discursive institutionalism' (Schmidt) mit dem Diskurskoalitionenansatz (Hajer) und stellt die Dimensionen „story lines", „Diskurs als Interaktion" und „institutioneller Kontext" in den Mittelpunkt der Analyse. Im Ergebnis zeigt der Beitrag, wie, ausgehend von einer politischen Initiative, ein Diskurs geschaffen wird, der zur Bildung einer Organisation führt und dass dieser Diskurs wiederum den Handlungsspielraum derselben Organisation einschränkt.

Britta Rennkamp stellt, diesen zweiten Teil abschliessend, den Forschungsansatz und die theoretische Rahmung ihrer Forschungsarbeit vor. Rennkamps Analyse fokussiert die Wissenschafts- und Innovationspolitik von Schwellenländern und behandelt als empirische Beispiele die beiden Länder Südafrika und Brasilien, in denen politischer Wandel zur Erneuerung der Volkswirtschaften führt. Es wird untersucht, wie und mit welchem Ergebnis im Spannungsverhältnis von nationalen und internationalen Faktoren Innovationspolitik realisiert wird, d. h. inwiefern eigene Politikinnovationen hervorgebracht werden und wann und weshalb auf externe Modelle zurückgegriffen wird.

Teil III „Technologie und Gesellschaft" beinhaltet *Ursula Offenbergers* Analyse des Zusammenhangs von Geschlecht und Technologie, die sie am Beispiel von Wärmetechnologien durchführt. Sie bezieht sich dabei auf die Gender and Technology Studies, einem auf den Science and Technology Studies aufbauenden Forschungsansatz. Durch anschauliche Beispiele existierender Forschung und eine empirische Analyse von

‚gender scripts' und Heizungssystemen für Privathaushalte, zeigt Offenberger, wie unter anderem durch Designentscheidungen Geschlechterverhältnisse in Objekte eingeschrieben werden und so das Handeln von Akteuren vorstrukturiert wird.

Daran schliesst sich *Silke Meyers* ethnografische Untersuchung der Treffen von Linux-Benutzerguppen an, in der die Interaktionen der Teilnehmenden, die sich in diesem Fall auf ‚keysigning' beziehen, fokussiert werden. Meyer geht der Frage nach, inwiefern der von Linux-Anwendern propagierte Wert Freiheit in der Realität umgesetzt wird. Es zeigt sich, dass Veranstalter und Teilnehmer in ihren Handlungen auf subtile Bewertungsschemata zurückgreifen, wodurch, mitunter unbewusst, „andersartige" Teilnehmer ausgegrenzt und so verschiedene Gruppen konstituiert werden.

Abschliessend sei den Organisatoren der Tagung Jan-Peter Voss, Petra Schaper-Rinkel und Ingo Schulz-Schaeffer für die Möglichkeit gedankt, Dissertationsprojekte in diesem, eigens dafür geschaffenen, Rahmen zu diskutieren.

Teil I.
Wissenschaft und Forschung

2. Zwischen Innovationsdynamik und Anpassungsstrategien: Wechselwirkungen zwischen Förderorganisationen und Wissenschaft im Feld der synthetischen Biologie

Clemens Blümel

2.1. Einleitung und Problemaufriss

2.1.1. Struktur

Gegenstand dieses Beitrages ist die Analyse des dynamischen Wechselverhältnisses zwischen Förderorganisationen und Wissenschaftsentwicklung in Westeuropa. Die stärkere Einflussnahme der Politik auf Förderorganisationen, so wird argumentiert, setzt Förderorganisationen selbst dem Nützlichkeitspostulat aus. Wie verändern sich vor diesem Hintergrund Anpassungsstrategien von Wissenschaftlern und wie richten Fördereinrichtungen sich darauf ein?

Ziel des Forschungsprojektes ist es, das Verhältnis zwischen Förderorganisationen und Wissenschaftsentwicklung durch die vergleichende Analyse von Förderstruktur und Anpassungsstrategien zu erforschen. Diese Anpassungsstrategien werden auf der Grundlage verschiedener Kriterien auf verschiedenen wissenschaftlichen Feldern untersucht. Der vorliegende Text konzentriert sich dabei auf die Synthetische Biologie als Fallbeispiel. Die Arbeit leistet damit einen Beitrag zur intensiv geführten sozialwissenschaftlichen Debatte um einen neuen Modus der Wissensproduktion (Nowotny u. a. 2001; Etzkowitz/Leydesdorff 2000) und fragt danach, welche Rolle veränderte Beziehungen zwischen Wissenschaft und Förderorganisationen dabei spielen.

Der Artikel ist wie folgt aufgebaut: Zunächst wird das Verhältnis zwischen Wissenschaft und Fördereinrichtungen in Beziehung zu sich wandelnden Leitvorstellungen in der Forschungspolitik gesetzt. Welche Forschungsfragen ergeben sich durch die Veränderungen dieses Verhältnisses? Im dritten Teil wird ein konzeptioneller Vorschlag zur Analyse dieses Verhältnisses unterbreitet.

2.1.2. Förderorganisationen und Wandel wissenschaftspolitischer Rahmenbedingungen

Förderorganisationen wird eine wichtige Rolle bei der Technikentwicklung zugestanden: Aufgrund ihrer doppelten Codierung zwischen Wissenschaft und Politik gelten sie als besonders wichtige Schnittstelle zur Sicherung der Qualität und Produktivität wissenschaftlicher Forschung (Guston 2000). In der sozialwissenschaftlichen Forschung galt bislang als belegt, dass die wissenschaftlichen Qualitätsprogramme der meisten Forschungsfördereinrichtungen gegenüber politischen Selektionsprogrammen strukturell bevorteilt sind (Braun 1997; Braun 2004a; Guston 2001; Rip 1994; van der Meulen 2003). Gerade weil Förderorganisationen vor allem die wissenschaftliche Qualität kontrollieren, sind sie für staatliche Akteure besonders relevant; denn nur durch die Integration der Wissenschaft selbst in den Begutachtungs- und Steuerungsprozess kann die Glaubwürdigkeit und Qualität der Wissenschaft sichergestellt werden (Guston 2001). Diese Funktion für die Politik war insbesondere in der Gründungszeit der Fördereinrichtungen von Bedeutung, in der der Aufbau einer wissenschaftlichen Infrastruktur im Vordergrund stand (Braun 1997). Förderorganisationen haben sich in dieser Zeit als Akteure etabliert, die sich durch hohe Beharrungseigenschaften auszeichnen. Dieser den Fördereinrichtungen zugestandenen Autonomie, lagen langfristige Überzeugungen in der Forschungspolitik zugrunde: Sie fußten auf einem Modell der Wissensproduktion und Wissensdiffusion, das unter dem Begriff ‚science push' firmierte und auf der Vorstellung einer linearen Verwertung wissenschaftlichen Wissens basierte (Etzkowitz/Leydesdorff 2000). Der aus diesem Modell abgeleitete Handlungsansatz bestand vor allem darin, die Grundlagenforschung unabhängig von ihrer Verwertbarkeit zu fördern und gezielte staatliche Interventionen nur in jenen öffentlich bedeutsamen Bereichen wie Militär und Energieforschung (Kernenergie) vorzunehmen, wo zumindest zu Beginn keine Aussicht auf kommerzielle Nutzung bestand. Dabei wurde die Förderung auf einen sehr kleinen Kreis von Fördernehmern begrenzt, der sehr eng in staatliche Handlungsvorgaben eingebunden war. Diese wissenschaftspolitischen Basisstrategien (Hall 1993) und die ihnen zugrunde liegenden wissenschaftlichen Überzeugungen wurden zum Ende der 70er Jahre hin zunehmend in Frage gestellt (Kitschelt 1994). Gründe hierfür waren insbesondere (vgl. Gassler/Rammer 2006)

- der Trend einer zunehmenden Forderung nach Verwertbarkeit von Forschungsergebnissen aus der Grundlagenforschung,
- die damit einhergehende Veränderung der Wissensbasis und der

Austauschprozesse zwischen Wissenschaft und Wirtschaft, vornehmlich in neuen Technologiefeldern wie der Biotechnologie (Hinze u. a. 2001),

- der daraus resultierende Technologiewettbewerb, insbesondere zwischen den USA und den übrigen OECD Staaten (Rammer 1996).

Damit hat sich der kontextuelle Rahmen für die Förderpolitik stark verändert. Forschungspolitik orientiert sich immer weniger an jenem linearen Modell der Wissensproduktion, welches auf die ungesteuerte Förderung von Grundlagenforschung abzielt (Braun-Thürmann 2006); stattdessen hat sich die Forderung nach einem stärkeren ökonomischen und gesellschaftlichen Mehrwert von Forschung etabliert (Elzinga/Jamison 1995). Durch neue institutionelle Arrangements und veränderte Anreizstrukturen soll Wissenschaft zu stärkeren Transferleistungen in die Wirtschaft veranlasst werden[1]. Die Innovationsforschung hat sich mit dieser zunehmend engeren Verflechtung zwischen Wissenschaft, Wirtschaft und Politik intensiv auseinandergesetzt (Etzkowitz/Leydesdorff 2000; Weingart 2001).

2.2. Ziel der Untersuchung

2.2.1. Auswirkungen des wissenschaftspolitischen Wandels auf Förderorganisationen

Auf der Ebene der Förderorganisationen hat sich dieser kontextuelle Wandel in vielfacher Form niedergeschlagen. Zeichen für die Einflussnahme politischer Akteure ist die enorme Ausdifferenzierung der Förderungslandschaft und die Zunahme an Förderinstrumenten (Slipersaeter u. a. 2007). Dabei hat sich die insbesondere die Art der Instrumente, die „Software" geändert (Braun 2004b). Zu diesen Instrumenten zählt die an spezifische Bedingungen gebundene, projektbasierte Mittelvergabe. Diese Form der Förderung ist der sichtbarste Ausdruck einer zunehmend an gesellschaftlicher Legitimation und ökonomischem Mehrwert orientierten Förderpolitik. In den großen Europäischen Wissenschaftsnationen hat die Bedeutung dieser Instrumente vor allem in den 80er Jahren stark zugenommen (Lepori u. a. 2006). Verändert hat sich jedoch nicht nur die Form der Instrumente, sondern auch die inhaltliche

---

[1] Siehe etwa die Vereinfachung der Patentgesetzgebung in den USA oder die Einrichtung von Transfereinrichtungen an Universitäten.

Ausrichtung (van der Meulen 2003). Dazu gehört zunächst die Orientierung an neuen Wissenschaftsfeldern mit besonderer Anwendungsnähe, wie die Bio- und Nanotechnologie. Bei nur geringfügig steigenden Fördervolumina in der Grundlagenforschung insgesamt hatte der Aufstieg dieser Technologien eine Umstrukturierung bestehender Förderprogramme zugunsten dieser Technologien zur Folge (Senker u. a. 2001). Neben diesen neuen Feldern gewinnen Forschungsgebiete an Bedeutung, die zur Lösung gesellschaftlicher Probleme beitragen – wie die Umwelt oder Klimaforschung, aber auch die Gesundheitsforschung.

2.2.2. Auswirkungen auf die Wissenschaft

Welche Konsequenzen haben diese Veränderungen der Förderstruktur auf die Wissenschaft? Direkte Auswirkungen haben diese Entwicklungen für die Finanzierungsmodi in der Wissenschaft, die zunehmend unübersichtlicher geworden sind: Vor allem die universitäre Forschung, auf welche die Mittelbereitstellung von öffentlichen Förderorganisationen in erster Linie abzielt (Schimank 1995), hatte in den meisten OECD-Ländern seit Mitte der 80er Jahre einen Rückgang der Grundfinanzierung zu verzeichnen (Geuna 2001: 611). Dadurch hat sich das relative Gewicht der Förderorganisationen für die Finanzierung erhöht (Gläser/Lange 2004), was sich auch in steigenden Drittmittelerträgen an Universitäten manifestiert. Gleichzeitig stieg die Zahl der Förderinstrumente und der erteilenden Institutionen. Aus der Perspektive der Forscher hat sich damit das Feld der Forschungsfinanzierung enorm aufgefächert: Inzwischen beziehen Forscher Mittel aus einer Vielzahl unterschiedlicher Quellen (Dresner 2002; Alonso u. a. 2000). Der Wettbewerb um Fördermittel hat sich dadurch jedoch deutlich verstärkt (Rip 1997), weil eine Reihe von Förderinstrumenten für eine Vielzahl von Wissenschaftsfeldern nicht in Betracht kommt. Darüber hinaus zeigen erste Forschungsarbeiten, dass die stärkere Abhängigkeit von Fördermitteln bestehende sozialstrukturelle Unterschiede in der Wissenschaft zwischen Spitzen- und Breitenforschung weiter verstärken kann (Laudel 2006).

2.2.3. Fragestellung

Förderorganisationen, so zeigt sich aus diesen Befunden, haben nicht nur wichtige Funktionen für die Wissenschaft (Rip 1994) und für politische Akteure (Guston 2000); sie sind auch den Dynamiken beider Systeme ausgesetzt und mit den Veränderungen ihrer förderpolitischen Aktivitäten auf die Wissensproduktion konfrontiert. Die dargestellten Befunde lassen vermuten, dass sich die Interaktionen zwischen Wissenschaft und Förderorganisation verändern. Daraus ergeben sich folgende Fragen: Lassen sich Veränderungen in der Struktur der Förderorganisationen erkennen, die eine Integration bestimmter wissenschaftlicher Felder aufgrund ihrer Verwertbarkeit oder disziplinären Struktur erschwert? Welche Anpassungsstrategien entwickeln Wissenschaftler in Reaktion auf die Diversifikation der Förderlandschaft? Aus welchen Gründen wenden sie sich welchen Kanälen zu? Unterscheiden sich diese Strategien und Wissensproduktionsmuster in verschiedenen Wissenschaftsfeldern? Wie passfähig sind Förderstrukturen und wissenschaftliche Handlungsstrategien aufeinander abgestimmt (institutionelle Passfähigkeit)?

Zu den Auswirkungen wissenschaftspolitischer Veränderungen auf Förderorganisation liegen bereits erste Erkenntnisse vor (vgl. Senker u. a. 2000; Slipersaeter u. a. 2007). Diese betreffen insbesondere die Diversifizierung der Instrumente und ihre inhaltliche Ausrichtung. Angesichts des zunehmenden politischen Interesses an Wissenschaft scheint jedoch besonders relevant, ob (und in welcher Form) sich Struktur und Prozesse der Förderorganisationen dadurch verändern. Mit Blick auf die Zunahme an Förderinstrumenten geht die Arbeit von der These (1) aus, dass sich die Struktur der Fördereinrichtungen zugunsten des politischen Zugriffs verändert hat.

In einem zweiten Schritt wird gefragt, wie sich diese förderpolitischen Veränderungen in der Wissenschaft niederschlagen. Dazu sollen Strategien von Wissenschaftlern eng auf die im ersten Schritt herausgearbeiteten Strukturen von Fördereinrichtungen bezogen werden. In der Integration der auf Fördereinrichtungen ausgerichteten wissenschaftlichen Strategien besteht ein Forschungsdefizit innerhalb des sozialwissenschaftlichen Feldes, das sich mit der Funktion von Fördereinrichtungen auseinandersetzt: Zwar existieren mit Waterton (2005) erste Analysen zur Wahrnehmung von Fördereinrichtungen durch Wissenschaftler. Ebenso hat Laudel (2006) auf die sozialstrukturellen Effekte der Wissenschaftsförderung hingewiesen. Allerdings erscheinen die getroffenen Schlussfolgerungen zu generalisierend, weil sie sich nicht auf die Heterogenität der Förderarten beziehen und damit die enorme Ausdifferenzierung der Fördersysteme vernachlässigen.

Um auf die größer angelegte Forschungsfrage einer institutionellen Passfähigkeit von Förderorganisationen und Wissenschaftsentwicklung Antworten zu finden, muss der Verschiedenartigkeit von Wissenschaftsfeldern und der Ausdifferenzierung der Förderlandschaft gleichermaßen Rechnung getragen werden. Die Arbeit geht daher von der These (2) aus, dass sich verschiedene Wissenschaftsfelder in ihrer Dynamik, ihrer Anwendungs- oder Problemlösungsnähe und ihrer disziplinären

Struktur stark unterscheiden und daher auch spezifische Förderinstrumente benötigen. Für die empirische Analyse von Anpassungsstrategien von Wissenschaftlern an veränderte Fördermodi sollten daher möglichst kontrastierende Felder ausgewählt werden. Für dieses Papier konzentriere ich mich auf das Feld der synthetischen Biologie.

2.3. Analyse

2.3.1. Forschungsdesign

Die Wechselwirkungen zwischen Politik und Förderorganisationen sowie zwischen Förderorganisation und Wissenschaft sind trotz zu beobachtender Konvergenztendenzen in der Forschungs- und Technologiepolitik (Lemola 2002) stark kontextgebunden. Fördersysteme sind historisch in enger Verschränkung mit staatlichen Institutionen entstanden und dadurch stark durch den nationalstaatlichen Kontext geprägt (Stucke 1993). Daher lassen sich auch heute noch international erhebliche Differenzen erkennen (Braun 1997; Laredo u. a. 2001). Die Vermutung liegt nahe, dass sich national spezifische „Anpassungskulturen" an Förderorganisationen in den einzelnen Wissenschaftsfeldern etabliert haben. Daher bietet sich für das vorliegende Forschungsprojekt ein auf Fallstudien basierendes international vergleichendes Forschungsdesign an. In aktuellen Studien (Skoie 2000; van der Meulen 2003; Slipersaeter u. a. 2007) sind vor allem kleinere Länder (Schweiz, Österreich, Norwegen, Irland) sowie die Mittelmeerstaaten (Frankreich, Spanien, Italien) vergleichsweise gut beforscht worden (Lepori 2006; Lepori u. a. 2007; Laredo u. a. 2001), während die Fördersysteme Großbritanniens und Deutschlands seit längerer Zeit nicht mehr Gegenstand größerer vergleichender Untersuchungen geworden sind. Die Forschung konzentrierte sich stärker auf die Einflüsse der direkten Anreizmechanismen der universitären Wissenschaft sowie die Folgen und Formen des institutionellen Umbaus der Hochschulen durch die Exzellenzinitiative in Deutschland (Jansen u. a. 2003).

2.3.2. Analysekonzept

Die Vergleichbarkeit der Fälle soll durch die Entwicklung eines Analyserasters gewährleistet werden, welches sowohl eine Einordnung der Förderorganisation als auch der auf diese Institutionen bezogenen Wissenschaftlerstrategien ermöglicht. In Tabelle 2.1 wird das Vorgehen schematisch dargestellt. Zunächst sollen in einem ersten Schritt verschiedene Aktivitäten von Förderorganisationen vergleichend gegenübergestellt werden. Als Grundlage für den Vergleich dient eine Typologie von Braun (1998). Diese setzt die Nähe der Forschungsfördereinrichtungen zu politischen Akteuren in engen Bezug zu Wissensproduktionsmustern und disziplinärer Struktur. Drei Typen von Förderorganisationen werden dabei unterschieden: Wissenschaftsbasierte, strategische und politische Fördereinrichtungen, die in unterschiedlichem Ausmaß politischen Prioritäten ausgesetzt sind. Grundlagen- und wissenschaftsorientierte Einrichtungen wie die Deutsche Forschungsgemeinschaft sind demzufolge eher disziplinär orientiert, während strategische Einrichtungen wie die Programmförderung des BMBF multi- und interdisziplinäre Fragestellungen verfolgen. Angesichts des zunehmenden Drucks politischer Akteure auf die Ausrichtung von Förderorganisationen in neuen, häufig interdisziplinär strukturierten Forschungsfeldern (Braun 2004b: 66) stellt sich die Frage, inwiefern die Struktur dieser Typologie empirisch Bestätigung findet. Neue Legitimationsansprüche politischer und gesellschaftlicher Akteure könnten sich auch in Förderorganisationen niederschlagen und die Integration der Wissenschaft verändern.

	Art der Fördereinrichtung		
	wissenschaftsbasiert	strategisch	politisch
Kommunizierte Leistungserwartungen	Disziplinenspezifisch, Qualität	Konkrete Themenorientierung	Konkrete Verwertungsorientierung
Art/ Ausmaß der Anpassungsstrategien	Fallstudien A und D	Fallstudie B	Fallstudien C und E
	Institutionelle Passfähigkeit		

Tabelle 2.1.: Heuristik für die Durchführung der Fallstudien (Eigene Darstellung in Anlehnung an Braun 1998)

Dieser Beitrag beschränkt sich auf die Synthetische Biologie als Fallbeispiel, an dem die verschiedenen Ausrichtungen der Förderorganisationen deutlich werden. Da diese institutionellen Aktivitäten international variieren, werden die Förderaktivitäten in Deutschland und Großbritannien vergleichend untersucht. In beiden Ländern haben sich historisch unterschiedliche Modelle des Wissenschaft-Politik-Verhältnisses entwickelt, was sich insbesondere bei der Entwicklung neuer Wissenschaftsfelder niederschlagen kann. Die Frage, inwieweit in beiden Ländern so genannte wissenschaftsbasierte Förderorganisationen in der Lage sind, auf neue Wissenschaftsdynamiken zu reagieren, spielt dabei eine zentrale Rolle. Zur Erfassung der Aktivitäten von Fördereinrichtungen werden verschiedene Quellen herangezogen: Verlautbarungen und Pressemitteilungen zeigen die grundlegenden Strategien der jeweiligen Einrichtungen, denen mitunter enorme Bedeutung zukommt (Slipersaeter u. a. 2007). Inwieweit Förderorganisationen bestimmten politischen Forderungen, Innovationsaktivitäten anzustoßen, nachkommen, wird durch das Förderportfolio der Einrichtungen erkennbar. Hierbei kann auf bestehende Untersuchungen (Lepori u. a. 2006) zurückgegriffen werden, die zur quantitativen Bewertung des Stellenwerts des Forschungsfelds herangezogen werden können. Denn aufgrund des kaum zu bewältigenden Volumens an Förderaktivitäten in diesen Bereichen muss die Arbeit auf ein kleines Feld forschungspolitischer Aktivität eingegrenzt werden.

Während im ersten Schritt die wissenschaftspolitischen Aktivitäten und Ausrichtungen verschiedener Förderorganisationen im Hinblick auf ein neues Forschungsgebiet vergleichend analysiert werden, sollen in einem zweiten Schritt Strategien von Wissenschaftlern dieses Forschungsfeldes gegenübergestellt werden (zweite Zeile in Tabelle 2.1). Dabei soll Bezug genommen werden auf die reichhaltige Forschungsliteratur innerhalb der Wissenschaftsforschung, die sich um ein Verständnis der wechselseitigen Abhängigkeit wissenschaftlicher und politischer Anpassungsprozesse bemüht (Bourdieu 1975; Latour/Woolgar 1979; Krohn/Küppers 1987; Ben David 1972; Merton 1970). Die Frage der Passfähigkeit bemisst sich dabei daran, inwieweit Wissenschaftler und Forschungsakteure die gegebenen Plattformen und Instrumente der Förderorganisationen nutzen können und auf Aktivitäten der Förderorganisationen Bezug nehmen. Aus wissenschaftspolitischer Sicht kann ein Maß für Passfähigkeit in der Rezeptivität der Maßnahme gesehen werden; das heißt in der Anzahl der durch die Maßnahme erreichten Forscher bzw. Forschergruppen.

Strategien von Wissenschaftlern, die auf Förderorganisationen bezogen sind, können sich dadurch unterscheiden, in welchem Ausmaß sie bestimmte Förderkanäle nutzen. Allerdings kann dies von ihrer Orientierung innerhalb des wissenschaftlichen Feldes abhängig sein (Bourdieu 1975; Merton 1970). Die Typologie der Förderorganisationen in Tabelle 2.1 zeigt mögliche kommunizierte Leistungserwartungen, auf die Wissenschaftler als Fördernehmer Bezug nehmen können. Für die Wahl der Strategien von Wissenschaftlern werden länderspezifisch drei verschiedene Beispiele ausgewählt, in denen eine forschungspolitische Ausrichtung beobachtet werden kann. In jedem dieser Fallbeispiele wird die Interaktion mit Förderorganisationen analysiert: In Fallbeispiel A (Deutschland) und D (Großbritannien) wird die Interaktion anhand einer neuen Entwicklung, die innerhalb des disziplinenspezifischen Modus verortet werden kann analysiert, während in Fallbeispiel

C (Deutschland) und E (Großbritannien) die Interaktion im Rahmen eines Forschungsprojektes mit konkreter Verwertungsorientierung (Entwicklung neuer Kraftstoffe) betrachtet wird. Die Analyse der Strategien ist dabei weit gefasst: Strategien von Wissenschaftlern können sich auch dadurch unterscheiden, wie direkt sie auf mögliche Adressaten Einfluss nehmen (Latour/Woolgar 1979). Die Beteiligung in bestimmten Verbänden, politischen Gremien können auch als Strategie interpretiert werden, gesellschaftlichen Einfluss auf Förderorganisationen zu nehmen.

Durch einen europäischen Vergleich der Förderinstrumente und der darauf bezogenen Strategien von Wissenschaftlern soll ergründet werden, welche institutionellen Strukturen und Prozesse, den Mechanismen des Wissenschaftssystems am ehesten entsprechen.

2.3.3. Das Forschungsfeld der synthetischen Biologie als Fallbeispiel

Wechselwirkungen zwischen Förderorganisation und Wissenschaft werden für das Kurzpapier am Beispiel der Synthetischen Biologie dargestellt. Was zeichnet das Feld aus und warum wurde es ausgewählt? Die Synthetische Biologie zielt ab auf die ingenieurtechnische Produktion leistungsfähiger biologischer Elemente, die nicht in der „Natur" existieren. Synthetische Biologie nutzt dazu DNA Elemente oder komplexe Systeme, die chemisch im Labor auf der Grundlage eines modularen Ansatzes synthetisiert werden (McDaniel/Weiss 2005). Ziel dieses Ansatzes ist die Generierung von Wissen über biologische Evolutionsprozesse sowie die Herstellung von künstlichen biologischen Bauelementen, aus denen neue Anwendungen und Verfahren hervorgehen können (Andrianantoandro u. a. 2006).

Das Forschungsfeld zeichnet sich durch eine enorme Dynamik aus und erreicht zunehmend politische und öffentliche Aufmerksamkeit. Aus der Perspektive der Wissenschaftsforschung ist die bereits in der Grundlagenforschung ausgerichtete Orientierung auf finale Verwertung in der Wirtschaft und Gesellschaft (vgl. van den Daele/Krohn/Weingart 1979: 11ff.) bedeutungsvoll: Zahlreiche Anwendungs- und Verwertungsmöglichkeiten zeichnen sich bereits in diesem frühen Stadium ab (Serrano 2007). Biologische Elemente, die auf der Grundlage synthetischer Prozesse und Verfahren hergestellt werden, können zum Beispiel zur Lösung des Energieproblems beitragen. Andere Bauelemente könnten eine preisgünstige Alternative zu bestehenden aufwändigen Syntheseverfahren von Biopharmazeutika darstellen. Aufgrund seines ökonomischen und gesellschaftlichen Problemlösungspotenzials, aber prekären disziplinären Status kann die synthetische Biologie zu einem umstrittenen Gegenstand der Förderpolitik werden. Nicht zuletzt aufgrund der überschaubaren Größe ist die Synthetische Biologie ein interessantes Feld zur Analyse der Interaktionen zwischen Wissenschaft und Förderorganisationen.

2.3.4. Synthetische Biologie und Wissensorganisation

Die Förderung der Synthetischen Biologie befindet sich noch in einem Anfangsstadium: Aufgrund ihrer Dynamik und der heterogenen Struktur der Wissenserzeugung ist davon auszugehen, dass herkömmliche Instrumente zur Förderung des Feldes als nicht adäquat zu bewerten sind (Gaisser u. a. 2008). In der Europäischen Union sind bereits eine Reihe von Forschungsprojekten gestartet, die sich einer Exploration dieses Forschungsfeldes widmen und die die Entwicklung neuer Förderinstrumente auf nationaler Ebene empfehlen (EU-TESSY; EU-SynbioSafe[2]). Wie und ob diese Empfehlungen angenommen werden, ist zum großen Teil von der Struktur der jeweiligen Forschungssysteme abhängig.

Förderorganisationen
Für den westeuropäischen Raum hat die Einberufung einer Expertenkommission (High Level Expert Group) im Jahre 2004 zum Beginn zahlreicher Projekte auf europäischer Ebene geführt (Balmer u. a. 2006). Diese Aktivitäten beschränkten sich jedoch zum großen Teil auf Vernetzungsbeihilfen. Ziel der Projekte war es dabei, die europäischen Aktivitäten in nationale Förderprogramme zu überführen.

In Deutschland fällt die strategische Forschungsförderung in erster Linie dem BMBF zu (Stucke 1993). Forschungspolitische Aktivitäten, die auf die Steigerung der Innovationsaktivität und auf die Förderung neuer Wissenschaftsfelder ausgerichtet sind, werden insbesondere im Bereich der Biowissenschaften durch dieses Ministerium betrieben. Im Vergleich zu anderen europäischen Ländern ist die Zentralisierung der strategischen förderpolitischen Aktivität als stark einzuschätzen, insbesondere im Feld der neuen Technologien (Jansen 1994: 178).

Dennoch werden neue wissenschaftspolitische Themen und deren spezielle institutionelle Rahmenbedingungen häufig spät umfassend aufgegriffen, wie am Beispiel der Biotechnologie beobachtet werden konnte (Wieland 2009). Zum Teil ist dies nicht zuletzt auf die ausgesprochen intensiven Debatten um neue Technologien und Wissenschaftsfelder wie die grüne Gentechnik oder die Stammzellforschung zurückzuführen.

---

2 TESSY = Towards a European Strategy for Synthetic Biology; SYNBIO-Safe = Synthetic Biology and Safety.

Ähnlich vorsichtig stellen sich auch in diesem Fall die Aktivitäten des BMBF dar: Die zuständigen Referate des Ministeriums reagieren auf die europäischen Projekte und die Aktivitäten der Wissenschaftler im eigenen Land eher zurückhaltend, weil sie die Entwicklung des Forschungsfeldes noch nicht einschätzen können.[3] Insbesondere zwei wichtige Einwände werden erhoben: 1) Ist die Community der Synthetischen Biologen groß genug? 2) Können wir dieses Feld nicht im Rahmen bestehender Programme fördern? Damit sind vor allem existierende Programme in der weißen Biotechnologie gemeint, deren Förderung in Deutschland inzwischen etabliert ist. Dem Feld selbst wird eine wichtige Bedeutung zugestanden, neue Entwicklungen werden aufmerksam verfolgt, wie die Teilnahme an wissenschaftlichen Konferenzen belegt. Das strategische Potenzial des Forschungsfeldes, so zeigt sich, ist allerdings nur ein Aspekt unter vielen, der bei strategischen Fördereinrichtungen berücksichtigt wird.

In der wissenschaftsbasierten Förderorganisation, der DFG, ist die Situation noch schwieriger. Zwar hat das Interesse an diesem Forschungsfeld zugenommen, eine Antragstellung stellt sich dennoch kompliziert dar: Zum einen, weil die disziplinäre Förderstruktur der DFG Anträge aus interdisziplinären Feldern, die, wie in diesem Fall, an den Rändern der Disziplinen und Forschungsströmungen (Systembiologie, Biotechnologie) liegen, strukturell schlechter bewertet. Zum zweiten, weil sich zu wenige Gutachter finden, die die Anträge in diesem Feld überhaupt bewerten *könnten*. Daraus lässt sich die These ableiten, dass die DFG gegenwärtig im Falle der Synthetischen Biologie nicht über die entsprechenden Instrumente und Kapazitäten verfügt, um auf die Herausbildung dieses Wissenschaftsfeldes zu reagieren. Blickt man auf diese beiden wichtigen Förderorganisationen mit ganz unterschiedlicher Ausrichtung als die entscheidenden Förderquellen für Wissenschaftler, so stellt sich die Situation für Wissenschaftler schwierig dar: Zwischen den politischen Programmen, die in der synthetischen Biologie noch nicht das notwendige Potenzial für einen Anwendungsschub sehen und den wissenschaftsbasierten Förderorganisationen wie der DFG scheint in diesem Fall eine Lücke zu existieren. Wissenschaftler greifen daher nach wie vor auf europäische Programme zurück.

Völlig anders stellt sich die Situation in Großbritannien dar, wo alle wissenschaftsbasierten Förderorganisationen Ausschreibungen zur synthetischen Biologie veröffentlicht haben (BBSRC 2008). Diese werden in enger Abstimmung mit Wissenschaftlern über entsprechende Plattformen weiterentwickelt, um auf die Herausbildung dieses Forschungsfel-

---

3 Experteninterview II 09/2008.

des angemessen reagieren zu können. Die Förderstruktur hat sich seit den Achtziger Jahren stärker koordiniert und zentralisiert. Die einzelnen Councils sind über gemeinsame Programme eng miteinander verwoben, was auch zu einer stärkeren Vernetzung der Akteure innerhalb des Feldes insgesamt geführt hat (OECD 2005: 203ff.). Die strategische Bedeutung des Feldes ist ebenso bekannt wie die Notwendigkeit, neue Förderinstrumente und Verfahren zu entwickeln (National Endowment for Science, Technology and the Arts 2006).

Anpassungsstrategien der Wissenschaftler
Wissenschaftler sind innerhalb dieses Forschungsfeldes in ganz Europa zu finden, die ETH Zürich, Universität Cambridge, Universität Portsmouth, Universität Barcelona und die Universität Heidelberg sind wichtige Standorte (Gaisser u. a. 2008). Die Community ist dennoch klein und überschaubar, der Kern der Akteure scheint bereits gut vernetzt. Um ihre Positionen gegenüber politischen Akteuren und Förderorganisationen deutlich zu machen, haben die Wissenschaftler erste Anpassungsstrategien entwickelt: Sie verweisen besonders deutlich auf den Fortschritt der Wissenschaft und entwickeln außerordentliches Sendungsbewusstsein für die Lösung zukünftiger Probleme.[4] Häufig erscheinen sie auch auf Veranstaltungen der Unternehmensverbände, um direkte ökonomische Bedeutung zu signalisieren.

In Deutschland ergreifen einige zentrale Wissenschaftler direkt die Initiative und wenden sich persönlich an die Akteure im BMBF. Dieser Prozess ist in den meisten Fällen wenig strukturiert und geht auf einzelne Akteure zurück, die ihre Bemühungen kaum in den Kontext bestehender Arbeitsschwerpunkte des BMBF in der industriellen Biotechnologie und der Systembiologie rückbinden. Die DFG wird von den meisten Akteuren aufgrund der dargelegten Begutachtungsmöglichkeit als mögliches Förderziel strategisch nicht wahrgenommen. Zum gegenwärtigen Zeitpunkt scheinen sich daher die Anpassungsstrategien der Wissenschaftler nicht als passfähig mit den Förderstrukturen zu erweisen und umgekehrt; bestehende Förderstrukturen beziehen dieses Feld gegenwärtig nicht angemessen mit ein. Inwiefern dies auf starre Regelungsstrukturen der Förderorganisationen zurückzuführen ist, bleibt bislang noch ungeklärt. Einige Wissenschaftler versuchen daher stärker, über europäische Förderinstitutionen wie die ESF einen strukturierten Prozess in Gang zu bringen, an dem sich dann die nationalen Förderinstitutionen beteiligen.

Einen zukünftig nicht zu unterschätzenden Einfluss könnten andere

---
4 Interview mit SGA 09/2008.

Aktivitäten der Wissenschaftler auf die Strategieentwicklung der Förderorganisationen haben: Die Beteiligung und der damit von Industrieverbänden ausgehende Druck könnte zu weiteren Ausschreibungen durch politische Förderorganisationen führen.

2.4. Schlussfolgerungen

Die Ziele des Projekts liegen auf zwei Ebenen: Wissenschaftssoziologisch soll durch die Analyse des komplexen Zusammenspiels zwischen der institutionellen Problemformulierung in Förderorganisationen und den darauf bezogenen Anpassungsstrategien der Forschungsakteure ein Beitrag zur Debatte um die Finalisierung der Wissenschaft (van den Daele u. a. 1979) geleistet werden. Auf der anderen Seite ist beabsichtigt, die wissenschaftspolitische Orientierungsgrundlage auf dem Gebiet der Forschungsförderung zu verbessern: Nationale Unterschiede der Fördersysteme werden in ihrem Einfluss auf Wissenschaftlerstrategien disziplinenspezifisch untersucht. In der engen inhaltlichen Verknüpfung von institutioneller Dynamik in Förderorganisationen und dem darauf bezogenen Handeln von Wissenschaftlern besteht das zentrale forschungsmethodische Ziel dieser Studie. Bisher sind jeweils nur die Fördersysteme auf der einen oder das Handeln von Wissenschaftlern im Zusammenhang mit neuen Förderorganisationen auf der anderen Seite untersucht worden.

Literatur

Andrianantoandro, Ernesto u. a. (2006): Synthetic biology: new engineering rules for an emerging discipline. In: Mol Syst Biol 2: 2006.0028.

Balmer, Andrew; Martin, Paul (2008): Synthetic Biology: Social and Ethical Challenges. University of Nottingham, Institute for Science and Society.

Ben-David, Joseph (1971): The Scientist's Role in Society. A Comparative Study. New Jersey: Prentice Hall.

Bourdieu, Pierre (1975): The specifity of the scientific field and the social conditions of the progress of reason. In: Social Science Information, Jg. 14, H. 6, S. 19-47.

Braun, Dietmar (2004a): How to govern research in the Age of Innovation: Compatibilities and Incompatibilities of Policy Rationales. In: Lengwiler, Martin; Simon, Dagmar (Hg.): New Governance Arrangements in Science Policy. Berlin: Wissenschaftszentrum Berlin für Sozialforschung, S. 11-39.

Braun, Dietmar (2004b): Wie nützlich darf Wissenschaft sein? Zur Systemintegration von Wissenschaft, Ökonomie und Politik. In: Schimank, Uwe; Lange, Stefan (Hg.): Governance und gesellschaftliche Integration. Opladen: VS Verlag.

Braun, Dietmar (1998): The role of funding agencies in the cognitive development of science. In: Research Policy, Jg. 27, S. 807-821.

Braun, Dietmar (1997): Die politische Steuerung der Wissenschaft. Ein Beitrag zum kooperativen Staat. Frankfurt am Main/New York: Campus.

Braun, Dietmar (1993): Who governs intermediary organizations? Principal agent relations in policy making. In: Journal of Public Policy, Jg. 13, H. 2, S. 135-162.

Bush, Vannevar (1945): Science – the endless frontier. Washington D.C.: The National Science Foundation. Church, George M. (2005): From Systems Biology to Synthetic Biology. Mol Syst Biol. 1: 2005.0032.

Elzinga, Aant; Jamison, Andrew (1995): Changing policy agendas in science and technology. In: Jasanoff, Sheila (1995): Handbook of Science and Technology Studies. London: Sage, S. 572-597.

Etzkowitz, Henry u. a. (2000): The future of the university and the university of the future: evolution of ivory tower to entrepreneurial paradigm. Research Policy, Jg. 29, H. 3, S. 313-330.

Gassler, Helmut; Polt, Wolfgang; Rammer, Christian (2006): Schwerpunktsetzungen in der Forschungs- und Technologiepolitik – eine Analyse der Paradigmenwechsel seit 1945. Österreichische Zeitschrift für Politikwissenschaft (ÖZP), Jg. 35, H. 1, S. 7-23.

Gaisser, Sybille u. a. (2008): TESSY Final Report to the Commission. Achievements and Future Prospects for Synthetic Biology.

Geuna, Aldo (2001): The changing rationale for european university research funding. In: Journal of economic issues, Jg. XXXV, H. 3, 607-632.

Gibbons, Michael u. a. (1994): The new production of knowledge. The dynamics of science and research in contemporary societies Sage: London.

Guston, David (1999): Stabilizing the boundary between US politics and science: The role of the Office of Technology Assessment as a boundary organization. In: Social Studies of Science, Jg. 29, H. 1, S. 87-112.

Guston, David (2001): Between Politics and Science. Assuring the Integrity and Productivity of Science. Cambridge: Cambridge University Press.

Hall, Peter (1993): Policy Paradigms, Social Learning and the State: The Case of Economic Policy Making in Britain, Comparative Politics, Jg. 25, H. 3, S. 275-296.

Hinze, Sybille u. a. (2001): Einfluss der Biotechnologie auf das Innovationssystem der pharmazeutischen Industrie: Bericht an das Bundesministerium für Bildung und Forschung, Referat Z25. Karlsruhe: Fraunhofer ISI.

Jansen, Dorothea (1994): Hochtemperatursupraleitung. Herausforderungen für Forschung, Wirtschaft und Politik. Ein Vergleich BRD-Großbritannien. Nomos: Baden-Baden.

Krohn, Wolfgang; Küppers, Günter (1989): Die Selbstorganisation der Wissenschaft. Frankfurt am Main: Suhrkamp.

Laredo, Philippe; Mustar, Philippe (Hg.) (2001): Research and innovation policies in the new global economy. An international comparative analysis. Cheltenham/Northampton: Elgar Publ. Ltd.

Latour; Bruno; Woolgar, Steve (1979): Laboratory Life: The Social Construction of Scientific Facts. Beverly Hills: Sage.

Laudel, Grit (2006): The Art of Getting Funded: How Scientists Adapt to their Funding Conditions. In: Science and Public Policy, Jg. 33, H. 7, S. 489-504.

Lemola, Tarmo (2002): Convergence of national science and technology policy. The case of Finland. In: Research Policy, Jg. 31, H. 8, S. 1481- 1490.

Lepori, Benedetto u. a. (2007): Comparing the evolution of national research policies: What patterns of change? Science and Public Policy, Jg. 34, S. 372-388.

McDaniel, Ryan; Weiss, Ron (2005): Advances in synthetic biology: on the path from prototypes to applications. Current Opinion in Biotechnology, Jg. 16, S. 476-483.

Mayntz, Renate (2001): Triebkräfte der Technikentwicklung und die Rolle des Staates. In: Simonis, Georg; Martinsen, Renate; Saretzki, Thomas (2001): Politik und Technik. Analysen zum Verhältnis von technologischem, politischem und staatlichen Wandel. Wiesbaden: Westdeutscher Verlag, S. 3-18.

National Endowment for Science, Technology and the Arts (2006): The Innovation Gap: Why policy needs to reflect the reality of innovation in the UK. London: NESTA. (abrufbar unter www.nesta.org.uk/assets/Uploads/pdf/Policy-Briefing/innovation_gap_policy_brief.pdf, letzter Zugriff: 21.07.2009)

Merton, Robert K. (1970): Science and the Social Order. In: Ders. The Sociology of Science. Theoretical and Empirical Investigations Chicago: University of Chicago Press, S. 254-266.

Nowotny, Helga; Gibbons, Michael; Scott, Peter (2001): Re-thinking Science: Knowledge and the public sphere in an age of uncertainty, Cambridge: Polity Press.

OECD (2005): Innovation Policy and Performance. A cross country-comparison. OECD: Paris.

Rip, Arie (1981): A cognitive Approach to Science Policy. In: Research Policy, Jg. 10, 294 – 311.

Rip, Arie (1994): The Republic of Science in the 1990s. In: Higher Education, Jg. 28, S. 3-32.

Serrano, Luis (2007): Synthetic biology: promises and challenges. In: Mol Syst Biol 3: 2007.0158.

Slipersaeter, Stig; Lepori, Benedetto; Dinges, Michael (2007): Between policy and science: research councils' responsiveness in Austria, Norway and Switzerland. In: Science and Public Policy, Jg. 34, H. 6, S. 401-415.

Stucke, Andreas (1993): Institutionalisierung der Forschungspolitik. Entstehung, Entwicklung und Steuerungsprobleme des Bundesforschungsministeriums. Frankfurt am Main: Campus.

Van der Meulen, Barend (2003): Research Councils. New Roles and strategies of a Research Council: Intermediation of the principal agent relationship. Science and Public Policy, Jg. 30, H. 5, S. 323-336.

Van den Daele, Wolfgang; Krohn, Wolfgang; Weingart, Peter (1979): Die politische Steuerung der wissenschaftlichen Entwicklung. In: Van den Daele, Wolfgang; Krohn, Wolfgang; Weingart, Peter (Hg.) (1979): Geplante Forschung. Vergleichende Studien über den Einfluss politischer Programme auf die Wissenschaftsentwicklung. Frankfurt am Main: Suhrkamp, S. 11-63.

Waterton, Claire (2005): Scientists' Conceptions of the Boundaries between their Own Research and Policy. In: Science and Public Policy, Jg. 32, H. 6, S. 435-444.

Weingart, Peter (2001): Die Stunde der Wahrheit? Zum Verhältnis der Wissenschaft zu Politik, Wirtschaft und Medien in der Wissensgesellschaft. Weilerswist: Velbrück Wissenschaft.

Wieland, Thomas (2009): Neue Technik auf alten Pfaden? Forschungs- und Technologiepolitik in der Bonner Republik. Eine Studie zur Pfadabhängigkeit des technischen Fortschritts. Bielefeld: transcript.

3. Technologische Plattformen und ihr Beitrag zur Entwicklung der Nanowissenschaften[1]

Peter Biniok

An Universitäten und Forschungsinstituten werden technologische Plattformen als zentralisierte Einrichtungen geschaffen, wo kostspielige und komplexe Geräte und Anlagen im Forschungsalltag gemeinsam genutzt und Kosten geteilt werden sollen. Technologische Plattformen fördern wissenschaftliche Forschung, indem sie ihrem Nutzerkreis Ressourcen in Form von Technologie als auch personeller Unterstützung zur Verfügung stellen. Ihr Personal setzt sich aus Wissenschaftlern und Technikern zusammen, die arbeitsteilig für die Beratung und Unterstützung der Nutzer sowie für die Wartung der Anlagen und Geräte zuständig sind.

In sozialwissenschaftlichen Publikationen wird auf einen engen Zusammenhang zwischen technologischen Plattformen und nanowissenschaftlicher Forschung verwiesen (vgl. Hubert 2009 oder Robinson u. a. 2007). Zum Beispiel gelten „MESA+ NanoLab" an der Universität Twente (Niederlande), das „Nanostructure Laboratory" an der Universität Konstanz (Deutschland) oder das „NanoFab" als Teil des Center for Nanoscale Science and Technology (National Institute of Standards and Technology, USA) als spezifisch nanowissenschaftliche Strukturmerkmale. Technologische Plattformen fördern und ermöglichen in diesen Ländern nanowissenschaftliche Forschung. Robinson u. a. (2007) vertreten darüber hinaus die Ansicht, dass die Entstehung und Entwicklung technologischer Plattformen institutionelle Strukturbildungsprozesse beeinflusst. Sie illustrieren dies am Beispiel der Herausbildung technologischer Agglomerationen im Feld der Nanowissenschaften für die Fälle MESA+ und MINATEC (Frankreich).

Angesichts dieser Beobachtungen überrascht es, dass bei einer strukturellen Charakterisierung der Nanowissenschaften in der Schweiz

---

[1] Der vorliegende Text stellt Ergebnisse aus einem laufenden, vom Schweizerischen Nationalfonds (SNF) geförderten Forschungsprojekt vor (www.unilu.ch/configuring_nano).

technologische Plattformen nicht sofort in den Blick geraten. Zwar wird dieses Forschungsfeld hier ebenfalls durch spezifische Förderprogramme unterstützt und in Form eigener Institutionen, wie etwa dem „Swiss Nanoscience Institute" an der Universität Basel mit seinem Studiengang „Nanowissenschaften", konsolidiert. Während aber sozialwissenschaftliche Studien für andere Länder eine explizite Verbindung zwischen Nanowissenschaften und technologischen Plattformen konstatieren, sind letztere in der Schweiz nicht im Kontext des neuen Forschungsfeldes entstanden, sondern entstammen Gebieten wie der Strukturbiologie und der Mikrosystemtechnik. Nanowissenschaftliche Forschung findet in der Schweiz überwiegend in den institutseigenen Laboratorien der Hochschulen und Forschungs- und Entwicklungseinrichtungen statt.

Dieser Artikel möchte anhand zweier Beispiele aufzeigen, in welcher Form technologische Plattformen *dennoch* einen Beitrag zur Entwicklung der nanowissenschaftlichen Forschung in der Schweiz leisten.

3.1. Sozialwissenschaftliche Konzepte technologischer Plattformen

In der Wissenschafts- und Technikforschung gelten technologische Plattformen zum einen als basale Technologien, die weitere technologische Entwicklungen ermöglichen (Lenoir/Giannella fc.). Demgegenüber und in Erweiterung des Konzepts der Plattform als einer rein technologischen Basis, charakterisieren Keating und Cambrosio (2003) die von ihnen analysierten biomedizinischen Plattformen als „configurations of people and equipment" (Keating/Cambrosio 2003: 7). Plattformen sind danach durch das gemeinsame Wirkungsverhältnis von Technologie und Akteuren gekennzeichnet, wodurch die biomedizinische Plattform zu einer ortsunabhängigen Basis für die Organisation und Koordination gemeinsamer Aktivitäten wird.

Zwischen diesen beiden Auffassungen findet sich eine Variante, welche Plattformen als eine räumlich abgegrenzte Einheit, bestehend aus Instrumenten, Nutzern, Materialien etc. konzeptualisiert. Eine technologische Plattform ist „a set of instruments which enables scientific and technological production" (Robinson u. a. 2007: 872) und kann überdies Strukturbildungsprozesse bedingen (s. o.). Nach Peerbaye und Mangematin (2005) sind Plattformen ebenfalls komplexe Ensembles aus Technologie und Expertise mit grenzüberschreitendem Charakter (im geografischen, disziplinären oder organisationalen Sinn), wobei deren Analyse insbesondere Wissensproduktion und -transfer fokussiert: „Technological platforms can be broadly defined as research and/or production facilities required to explore and exploit new knowledge" (Peerbaye/Mangematin 2005: 28). Die gemeinsame Nutzung technologischer Plattformen beschreiben die Autoren als einen Modus des Technologietransfers von der Wissenschaft zur Wirtschaft. Auf die enge Verbindung von Wissenschaft und Wirtschaft in Form von an Plattformen realisierten Kooperationsprojekten verweist auch Hubert (2009) in seiner Untersuchung von MINATEC. Seine Identifikation enger Kooperationsformen an den Plattformen läuft konform mit den von Robinson u. a. (2007) beschriebenen Agglomerationsprozessen und stützt somit deren Argument.

Mit Bezug auf die genannten Untersuchungen werden technologische Plattformen im Folgenden als soziotechnische Anordnungen, die heterogene Einheiten verbinden und wissenschaftliche Forschung und Zusammenarbeit ermöglichen, verstanden.

3.2. Technologische Plattformen in den Nanowissenschaften

Für die Gründung technologischer Plattformen, die dezidiert auf Nanowissenschaften ausgerichtet sind, wurden in anderen Ländern als der Schweiz beträchtliche finanzielle Mittel bereitgestellt. Die so entstandenen Forschungseinrichtungen nehmen auf das Ereignis ihrer Gründung für die eigene Legitimation immer wieder Bezug. Ihnen kommt bei einer Charakterisierung der länderspezifischen nanowissenschaftlichen Forschung eine große Sichtbarkeit zu. Sie führen das Wort „Nano" im Namen (s. o.) und weisen sich in ihren Selbstbeschreibungen als spezifisch nanowissenschaftlich aus. Bspw. stellt sich das „Nanostructure Laboratory" der Universität Konstanz auf seinen Internetseiten vor als „cleanroom facility that supports recent fields of research in nanoscience and nanotechnology" (Internetquelle 1). Typischerweise sind diese Plattformen in größere Zentren für Nanowissenschaften integriert, was deren Wahrnehmung als Teil eines komplexen, modernen Bauwerks erhöht (vgl. Nano-Fab am NIST). Diese Sichtbarkeit und Präsenz hat Auswirkungen auf die Außenwahrnehmung und die innersoziale Dynamik des Forschungsgebietes. Die Aussage einer bedeutenden Forschungsinstitution „Wir machen Nano!" ist von symbolischer Bedeutung und verleiht den (nationalen) Nanowissenschaften Reputation und Legitimation. Diese Dynamik kann weitere finanzielle Unterstützung seitens der Wirtschaft oder des Staates anregen sowie das Interesse am Forschungsgebiet wecken. Der Beitrag technologischer Plattformen zur Etablierung der Nanowissenschaften ist in diesen Fällen deutlich erkennbar.

Für die Schweiz stellt sich die Situation anders dar. Die Verantwortlichen der technologischen Plattformen rücken in ihren Selbstbeschreibungen nicht die Nanowissenschaften, sondern die an den Plattformen vorhandenen Geräte und deren Verwendung in den Vordergrund. Dies zeigen bereits ihre Namen. Bis auf das „Center of MicroNanoTechnology" (CMI) trägt keine der technologischen Plattformen das Wort „Nano" im Namen. Stattdessen wird auf die vorhandene Technologie verwiesen, so bspw. auf Synchrotronstrahlung bei der technologischen Plattform „Synchrotron Light Source" (SLS). Auch auf den Internetseiten des SLS und CMI werden Nanowissenschaften nicht explizit erwähnt. An den Plattformen bleibt nanowissenschaftliche Forschung unauffällig, obwohl sie existiert. Sie tritt in Erscheinung, wenn Forscher auf Konferenzen die konkreten, an den Plattformen durchgeführten Forschungsarbeiten vorstellen, und sie kann in den Jahresberichten anhand der einzelnen Projekte identifiziert werden.

In der Schweiz, so die hier vertretene These, trägt die an den technologischen Plattformen durchgeführte nanowissenschaftliche Forschung (zumindest bisher, s. u.) nicht zur Sichtbarkeit, Reputation und Entwicklung des neuen Forschungsfeldes bei. Die Plattformen sind hier, im Gegensatz zur Situation in manch anderem Staat, offenbar keine „Aushängeschilder" für die Nanowissenschaften. Die Gründe dafür bleiben, ausgehend von den folgenden Beobachtungen, noch genauer zu bestimmen. Die Schweiz war als eines der ersten Länder auf dem Gebiete der Nanowissenschaften aktiv. Die Programmförderung begann noch vor dem weltweiten „Nanohype" und der damit einhergehenden enormen finanziellen Unterstützung, wie sie bspw. in den USA gewährt wurde. Während die Nanowissenschaften in anderen Staaten zu einem präzisen Zeitpunkt mit hoher finanzieller Förderung lanciert wurden, zeichnet sich die Schweizer Förderung durch langjährige Kontinuität aus.[2] Damit hängt zusammen, dass andere Länder eine sprunghafte Entstehung technologischer Plattformen mit nanowissenschaftlicher Ausrichtung verzeichnen, während in der Schweiz eine fortwährende Integration dieses Forschungsgebiets in bereits bestehende Strukturen erfolgt.

Im Folgenden möchte ich argumentieren, dass die technologischen Plattformen in der Schweiz, obwohl nicht wie anderswo zur Unterstützung der Nanowissenschaften eingerichtet, für die Entwicklung dieser Forschung dennoch nicht ohne Bedeutung sind.

---

2 In den USA startete die National Nanotechnology Initiative (NNI) im Jahr 2001 mit einem Fördervolumen von insgesamt über 450 Mio. Dollar im ersten Jahr (Internetquelle 2). Zum Vergleich: Das erste Programm des SNF, welches als nanowissenschaftliche Fördermaßnahme gilt, begann in der Schweiz bereits Anfang der 1990er Jahre mit einem Volumen von 15 Mio. SFr. (entspricht ca. 14 Mio. Dollar).

3.3. Förderung der Nanowissenschaften

Der Beitrag technologischer Plattformen zur Entwicklung eines Forschungsfeldes hängt von der jeweiligen soziotechnischen Anordnung der Plattform ab. Es sind verschiedene Dimensionen erkennbar, entlang derer sie Einfluss auf nanowissenschaftliche Forschung ausüben können. Zwei dieser Dimensionen werden nachfolgend anhand von Fallanalysen diskutiert.

3.3.1. „Synchrotron Light Source" und „Center of MicroNanoTechnology"

Das erste Fallbeispiel einer technologischen Plattform ist die „Synchrotron Light Source" (SLS), eine Synchrotronstrahlungsquelle, die 2001 am Paul Scherrer Institut (PSI) in Betrieb genommen wurde. Synchrotronstrahlung (vereinfacht: Röntgenstrahlung) wird mittels technologischer Apparaturen in verschiedene Strahlenlinien modifiziert. Diese dienen einerseits dazu, Strukturen durch Imaging (Bilderzeugung durch Durchstrahlung einer Probe) oder Spektroskopie (Bilderzeugung anhand der Streuungsparameter einer Probe) zu analysieren. Andererseits ist es möglich, Strukturen im Mikro- und Nanometerbereich durch bspw. Interferenzlithografie herzustellen. Die SLS ist ein User Lab, in dem die überwiegend aus der Festkörperphysik, den Materialwissenschaften und der Strukturbiologie stammenden Forscher eigenständig in der Einrichtung arbeiten.[3]

Das zweite Fallbeispiel einer technologischen Plattform, ebenfalls ein User Lab, ist die im Jahre 1999 eröffnete Reinraumanlage „Center of MicroNanoTechnology" (CMI) an der Ecole Polytechnique Fédérale de Lausanne (EPFL). Im CMI wird „full-wafer-processing" betrieben. Bei der Prozessierung werden Siliziumscheiben (Wafer) durch Beschichten, Ätzen, Photo- und Elektronenstrahllithografie u. ä. bearbeitet. Die Arbeit wird unter den besonderen Bedingungen eines Reinraums vollzogen. Dazu gehört, dass die Luft gefiltert wird und die Forschenden spezielle Schutzanzüge tragen, um eine Verschmutzung der Wafer und Maschinen sowie eine dadurch verursachte Störung der Strukturierung der Wafer zu verhindern. Das Ergebnis der Prozesskette ist ein Wafer mit applizierten Mikro- oder Nanostrukturen. Die Forscher am CMI entstammen hauptsächlich den Bereichen Mikrosystemtechnik, Materialwissenschaften und Biotechnik.

---
3 Im Gegensatz zu einem User Lab werden in einem Service Lab hauptsächlich Dienstleistungen erbracht.

3.3.2. Technologieentwicklung

Die Leitung technologischer Plattformen ist, aufgrund der Nachfrage der Nutzer, des Wettbewerbs mit anderen Plattformen usw., bestrebt, die technologische Ausstattung der Plattformen durch eigenständige Entwicklungen bzw. den Ankauf von Instrumenten und Anlagen zu verbessern und neuen Bedürfnissen anzupassen.[4] Technologiegestaltung beinhaltet hier die Erweiterung und/oder Transformation von Technologie. Daran anschließend möchte ich die These aufstellen, dass *technologische Plattformen zur Entwicklung und Konsolidierung der Nanowissenschaften beitragen können, indem sie die Technologieentwicklung in diesem Forschungsfeld vorantreiben*. Der Fall der Synchrotron Light Source bestätigt diese These.

Das Primärziel der SLS liegt in der Durchführung international anerkannter und konkurrenzfähiger Forschung. Neben wissenschaftlichen Experimenten zur Analyse von Proben und der Fertigung von Strukturen wird am SLS auch Technologieentwicklung betrieben. Die Leitung der SLS ist bemüht, die Anlage auf dem neuestem Stand zu halten bzw. neue Standards zu setzen. Als ein solcher neuer Standard wird der am PSI entwickelte „Pilatus-Detektor" angesehen, den ein wissenschaftlicher Mitarbeiter in einem Interview als „weltweit einzigartig" bezeichnet. Technologieentwicklung an der SLS betrifft einerseits die Verbesserung der Strahlenlinien durch die Konzeption und den Bau neuer Komponenten, bspw. Detektoren.[5] Andererseits werden an der SLS ganze Strahlenlinien neu konstruiert. Die Strahlenlinie „NanoXAS" bietet ein aktuelles Beispiel.

„NanoXAS" bezeichnet sowohl ein neues Instrument, das in einem Kooperationsprojekt zwischen Forschungsgruppen der Eidgenössischen Materialprüfungs- und Forschungsanstalt (Empa) und dem PSI für Forschung im Nanometerbereich entworfen wurde, als auch die Strahlenlinie selbst. Das Instrument besteht aus zwei, von den beiden Gruppen konstruierten Komponenten: einem Rasterkraftmikroskop und einem Transmissionsrasterröntgenmikroskop. Die Innovation besteht darin, zwei Analyseverfahren zu kombinieren. Hierdurch ergeben sich neue Möglichkeiten für Untersuchungen im Nanometerbereich, da zusätzlich zu topografischen nun auch chemische Informationen ei-

---

4 Folglich ist zwischen eigenständiger Konstruktion und bloßer Anwendung zu unterscheiden. Dies eröffnet einerseits Forschungsfragen hinsichtlich vorhandener Bastlergemeinschaften, getroffener Designentscheidungen, Instrumentationspraxen sowie der Rolle von Geräteherstellern und bietet andererseits Anschluss an die Frage „how users matter" (Oudshoorn/Pinch 2003).

5 Das Laboratory of Micro- and Nanotechnology (LMN) am PSI spielt eine wichtige Rolle bei der Technologieentwicklung, da es Bauteile (bspw. neue optische Linsen) für die Strahlenlinien entwickelt.

ner Probe gewonnen werden: „This instrument will combine the chemical specificity of x-ray absorption spectroscopy with the very high spatial resolution of scanning probe microscopy" (Schmid u. a. 2009: 1). Die Realisierung der Strahlenlinie NanoXAS an der SLS ist die Fortführung dieses Projektes. Mit der Installation waren die Wissenschaftler der Strahlenlinie „PolLux" betraut, einer Linie, an der bei der Probenuntersuchung bereits bis in den Nanometerbereich aufgelöst wird. Im Herbst 2009 hat die NanoXAS-Linie den operationalen Betrieb aufgenommen.

Aufgrund gezielter Technologieentwicklung wird es möglich, nanowissenschaftliche Forschung in das Forschungsspektrum einer seit längerem bestehenden Einrichtung zu integrieren. Die SLS ist ein Beispiel dafür, dass technologische Plattformen in der Schweiz neben den kleineren Laboratorien an Hochschulen die Möglichkeit bieten, neue Geräte und Technologie für die nanowissenschaftliche Forschung zu entwickeln und bereitzustellen.

3.3.3. Kontakträume

Raum strukturiert face-to-face Interaktionen, die ihrerseits Netzwerkbildung fördern und kollektive Handlungen bestimmen. Auf diese Zusammenhänge hat insbesondere Gieryn (2000) in seinem Plädoyer für eine „place-sensitive sociology" (ebd. 464) hingewiesen. Bereits früher argumentierte Allen (1977), dass ein Gebäudedesign, welches körperliche Ko-Präsenz fördert und zufällige Interaktionen maximiert, die Innovationsrate in Forschungsorganisationen erhöht.[6] In diesem Kontext möchte ich die These aufstellen, dass *technologische Plattformen nanowissenschaftliche Forschung unterstützen, indem sie als Kontakträume neue Möglichkeiten und Formen für Zusammenarbeit und Interaktion bieten.* Ein Blick auf das „Center of MicroNanoTechnology" wird erlauben, diese These zu bekräftigen.

Im CMI treffen sich Forscher verschiedener Laboratorien der EPFL (bspw. Laboratory of Integrated Systems, Laboratory of Microsystems oder Nanophotonics and Metrology Laboratory), anderer Universitäten sowie aus dem Centre Suisse d'Electronique et de Microtechnique (CSEM) und der Industrie. Die Nutzer, vor allem Promovierende und Postdocs, arbeiten typischerweise mehrere Wochen lang täglich im Reinraum.[7] Der sozial geteilte Arbeitsraum und die lange Anwesenheit der

---

6 Wie das konkrete Design von Gebäuden für die Nanowissenschaften aussehen kann bzw. soll, wird anschaulich von Soueid (2008) vorgestellt. Dabei werden sowohl technologische Aspekte, als auch der „human factor", d. h. der Stimulus von interdisziplinärer und informeller Kommunikation berücksichtigt.
7 Sie verbringen die andere Zeit für ihrer Forschungs- und Projektarbeit in den

Forscher fördern eine Kontaktaufnahme der Nutzer untereinander sowie zwischen den Nutzern und dem wissenschaftlich-technischen Personal. Für die Arbeit im Reinraum werden die Nutzer zunächst durch das Personal an den Anlagen und Geräten ausgebildet. Auch in späteren Phasen der Forschungsarbeit steht das Personal, welches meist im Reinraum anwesend ist, für Fragen zur Verfügung.

Je mehr Zeit die Nutzer im CMI verbringen, desto weniger nehmen sie die Hilfe des Personals in Anspruch. Stattdessen kontaktieren sie im Fall fachlicher Probleme immer öfter Personen aus dem Kreis der anwesenden Kollegen, um in Erfahrung zu bringen, wer im Umgang mit ähnlichen Schwierigkeiten bereits über Erkenntnisse verfügt. Auch wenn keine Probleme auftreten, kommt es zu kurzen Gesprächen unter Nutzern, z. B. wird ein Hinweis über den Zustand der Maschine oder zum Umgang mit selbiger ausgetauscht. Die anwesenden Forscher leisten sich gegenseitig Hilfe und sind in „small talk" und ‚shop talk' (Lynch 1985: 143ff.) involviert. In Anlehnung an Laudel (2001) können diese Aktivitäten als ‚transmission of know-how' (Übertragung von Wissen) und ‚mutual stimulation' (gegenseitige Stimulation) verstanden werden, als schwache Formen von Kollaboration, die sich primär auf die auszuführenden Prozesse und Messungen beziehen.

Die Zusammenarbeit bezieht sich hauptsächlich auf die Herstellung und Charakterisierung von Wafern. Das CMI wird so zu einem Kontaktraum für den wissenschaftlichen Nachwuchs, in dem Skills interaktiv erworben und praxisnahes Fachwissen ausgetauscht werden.[8] Dabei treffen Wissenschaftler unterschiedlicher Forschungsrichtungen aufeinander. Dies ermöglicht es ihnen, auf die diversen Wissensbestände zuzugreifen, Erfahrungen aus anderen Forschungsgebieten aufzugreifen sowie alternative Prozesse und Methoden kennen zu lernen:

> „[F]or me that's maybe one of the biggest advantages of working at CMI. You're in contact with a lot of people doing very different things and often very advanced things, trying new technologies." (Interview 12, Laborant eines Unternehmens)

Technologische Plattformen konstituieren einen Kontaktraum für nanowissenschaftliche Forschung, der andere Kontakträume der Forschenden ergänzt und sich von ihnen unterscheidet. Während in den kleineren Laboratorien einzelner Forschungsteams die Zusammenarbeit typischerweise im Rahmen disziplinär homogener Teams eingeübt wird, bieten Plattformen eine Gelegenheit der Vernetzung und Interaktion

---

(Heim-)Laboratorien und Büros ihrer Teams in den jeweiligen Instituten.
8 Konferenzen scheinen im Gegensatz dazu eher der Vernetzung der Professoren zu dienen.

über Fächergrenzen hinweg. Die zentrale Bedeutung der technischen Apparaturen in diesen soziotechnischen Arrangements vermittelt diese Form der wissenschaftlichen Kommunikation.

3.4. Schlussbemerkung

Anhand der Dimensionen „Technologieentwicklung" und „Kontaktraum" wurde exemplarisch aufgezeigt, welche Rolle technologische Plattformen in der Schweiz für die Entwicklung der Nanowissenschaften spielen können, auch wenn sie keine dezidert nanowissenschaftlichen Einrichtungen darstellen. Sie unterstützen die Schweizer Nanowissenschaften und deren Konstitution *indirekt*, indem sie die Technologieentwicklung dieses Forschungsfeldes fördern und Kontakträume, vor allem für den wissenschaftlichen Nachwuchs, schaffen. Es sei darauf hingewiesen, dass das spezifische Potential zur Förderung eines Forschungsfeldes von der konkreten soziotechnischen Anordnung der Plattform abhängt und im Einzelfall und Fallvergleich untersucht werden muss. In diesem Zusammenhang ist ein rezentes Schweizer Projekt von Interesse, das dem Modell der Strukturentwicklung der Nanowissenschaften im Ausland zu folgen scheint.

Ein großes nanowissenschaftliches Forschungslabor ist zurzeit als gemeinsames Projekt der Eidgenössischen Technischen Hochschule Zürich und des IBM Forschungslabors Zürich im Bau. Das „Nanoscale Exploratory Technology Laboratory" – das Wort „Nano" im Namen – hat bereits in der Konzeptionsphase sowohl als Bauwerk als auch als Institution eine große Sichtbarkeit gewonnen. Es markiert gegenüber den beteiligten Institutionen, wie auch der Öffentlichkeit, ein großes Engagement für die Nanowissenschaften in der Schweiz. Wie lässt sich diese Neuentwicklung deuten? Als Abweichung vom bisherigen inkrementellen Schweizer Weg in der Entwicklung der Nanowissenschaften? Als Versuch der beiden beteiligten Institutionen, ihre Vorrangstellung gegenüber anderen Schweizer Hochschulen und Forschungszentren zu markieren bzw. zurück zu erobern? Diese und andere Vermutungen bleiben anhand der zukünftigen Entwicklung empirisch zu prüfen.

Worauf dieses Projekt und die zuvor diskutierten Fallbeispiele jedoch hinweisen, ist, dass das Verhältnis von technologischen Plattformen und der Entwicklung der Nanowissenschaften jeweils am konkreten Fall auf seine Effekte zu untersuchen ist.

Das nanowissenschaftliche Forschungsfeld weist – nicht nur wie beschrieben, die technologischen Plattformen betreffend – diverse nationale Entwicklungslinien auf. Die Untersuchung dieser Differenzen bietet

Gelegenheit, einen Beitrag zur Diskussion über die Herausbildung und Etablierung von Wissenschafts- und Forschungsfeldern zu leisten.

Literatur

Allen, Thomas J. (1977): Managing the Flow of Technology. Cambridge/Massachusetts: MIT Press.

Gieryn, Thomas F. (2000): A Space for Place in Sociology. In: Annu. Rev. Sociol., Jg. 26, S. 463–496.

Hubert, Matthieu (2009): Les plates-formes pour la recherche en nanotechnologies: Politiques scientifiques et pratiques de laboratoire à l'épreuve de l'organisation du travail expérimental. Thèse de doctorat. Grenoble: Université Grenoble II – Pierre Mendès France.

Keating, Peter; Cambrosio, Alberto (2003): Biomedical Platforms. Realigning the Normal and the Pathological in Late-Twentieth-Century Medicine. Cambridge/Massachusetts, London: MIT Press.

Laudel, Grit (2001): Collaboration, creativity and rewards: why and how scientists collaborate. In: Int. J. Technology Management, Jg. 22, H. 7/8, S. 762–781.

Lenoir, Tim; Giannella, Eric (fc.): Technological Platforms and the Layers of Patent Data. In: Biagioli, Mario; Jazzi, Petter Woodmansee Martha (Hg.): Con/texts of Invention: Creative Production in Legal and Cultural Perspective. Chicago: University of Chicago Press.

Lynch, Michael (1985): Art and Artifact in Laboratory Science: A Study of Shop Work and Shop Talk in a Research Laboratory. London: Routledge Kegan & Paul.

Oudshoorn, Nelly; Pinch, Trevor (Hg.) (2003): How Users Matter. The Co-Construction of Users and Technology. Cambridge/Massachusetts, London: MIT Press.

Peerbaye, Ashveen; Mangematin, Vincent (2005): Sharing Research Facilities: Towards a New Mode of Technology Transfer? In: Innovation: Management, Policy & Practice, Jg. 7, H. 1, S. 23–38.

Robinson, Douglas K.R.; Rip, Arie; Mangematin, Vincent (2007): Technological agglomeration and the emergence of clusters and networks in nanotechnology. In: Research Policy, Jg. 36, H. 6, S. 871–879.

Schmid, Iris u. a. (2009): NanoXAS, a novel concept for high resolution microscopy. In: J. Phys.: Conf. Ser., Jg. 186, H. 1., 012015.

Soueid, Ahmad (2008): Designing for the Future: Nanoscale Research Facilities. In: Fisher, Erik; Selin, Cynthia; Wetmore David H. (Hg.): The Yearbook of Nanotechnology in Society. Volume I: Presenting Futures: Springer, S. 91–108.

Internetquelle 1: http://www.uni-konstanz.de/nanolab/?cont=home (20.08.2009)

Internetquelle 2: http://www.nano.gov/html/about/funding.html (02.09.2009)

Teil II.
Politik und Innovation

4. Innovationsprojekte zwischen forschungsintensiven und forschungsschwachen Unternehmen – Abstimmungsprobleme und Lösungsansätze[1]

Katrin Hahn

4.1. Einleitung

Innovationen gelten in der öffentlichen und wissenschaftlichen Debatte als einer der zentralen Treiber für Wachstum und Beschäftigung. Unternehmen können mit innovativen Produkten und Prozessen ihre Wettbewerbsposition halten oder sogar stärken. Volkswirtschaften profitieren von Diffusionsprozessen, die neue Technologien über Sektorengrenzen hinaus verbreiten (Hall 2006: 459 f.). Ökonomisch relevant sind hier aber nicht nur Innovationen in Hightech-Sektoren wie Biotechnologie oder Informations- und Kommunikationstechnologien, sondern auch Innovationstätigkeiten in traditionellen und etablierten Sektoren des verarbeitenden Gewerbes (Hirsch-Kreinsen 2008). Innovationen eines einzelnen Tüftlers spielen hier eine eher geringe Rolle. Vielmehr wird davon ausgegangen, dass Unternehmen ihr Wissen aus verteilten Wissensbasen beziehen und spezifische Fähigkeiten benötigen, um dieses Wissen zu erkennen, anzuwenden und schliesslich in den Produktionsablauf zu integrieren.

Eine Möglichkeit, um neues Wissen und Techniken zu entwickeln, sind Innovationsprojekte, die in Kooperation mit anderen Unternehmen und Instituten durchgeführt werden. Diese komplexen Projekte zwischen durchaus sehr unterschiedlichen und voneinander unabhängigen Partnern erfordern ein gewisses Maß an Verbindlichkeit und Abstimmung. Das wiederum ist bei Innovationsprojekten besonders schwierig,

---

[1] Bei diesem Beitrag handelt es sich um Überlegungen aus meinem laufenden Dissertationsvorhaben. Des Weiteren konnte auf erste Ergebnisse von Unternehmensbefragungen zurückgegriffen werden, die im Rahmen des Low2High-Projektes (www.low-2-high.de) durchgeführt wurden.

da die Details über den Ablauf und das Ergebnis der in der Zukunft liegenden Entwicklung nicht im Voraus bekannt sind. Entscheidungen, die den Prozess und das Ergebnis beeinflussen, müssen jedoch im Vorfeld getroffen und während des Entwicklungsprozesses möglicherweise auch wieder revidiert werden. An diese Problematik knüpfen unmittelbar einige Fragen an, die im Folgenden thematisiert werden sollen:

- Wie können Prozesse organisiert werden, die auf zukünftige Ergebnisse ausgerichtet sind?

- Wie werden in der Zukunft liegende Verwendungszwecke und Ziele bei Innovationsprozessen identifiziert und bestimmt?

- Wie stimmen forschungsintensive und forschungsschwache Institute und Unternehmen als verteilte, unabhängige und recht unterschiedliche Akteure (bezüglich Fähigkeiten, Bildungsabschlüsse, organisatorische Zugehörigkeit, Interessen etc.) kostspielige und zusammenhängende Aktivitäten ab, obwohl keiner mit Sicherheit sagen kann, wie die einzelnen Teile zusammengehören?

- Wie wird ein Minimum an Sicherheit in Innovationsprozessen hergestellt, obwohl diese per Definition unsicher sind?

- Wie lässt sich bei solchen, im Hinblick auf Ihren Ablauf und Ausgang unsicheren Prozessen, Verbindlichkeit und Abstimmung zwischen den Akteuren herstellen?

Ziel dieses Beitrags ist es, anhand bestehender Konzepte und Definitionen in einem ersten Schritt die Herausforderungen industrieller Innovationsprozesse konzeptionell darzustellen. Ein besonderer Fokus liegt hier auf Kooperationsbeziehungen zwischen forschungsschwachen und forschungsintensiven Unternehmen und Instituten.[2] Aufgrund der unterschiedlichen Forschungsintensität werden signifikante Unterschiede

---

[2] Die Ermittlung der Forschungsintensität ist zurückzuführen auf eine von der OECD Mitte der 1990er eingeführte Klassifizierung (OECD 2007: 219 ff.). Zu den forschungsintensiven Hightech-Sektoren zählen unter anderem die Biotechnologie, Luft- und Raumfahrt und die Informations- und Kommunikationstechnologien. Als forschungsschwach (Lowtech) werden traditionelle Industriesektoren wie Metallverarbeitung, Herstellung von Papier und Pappe, Kunststoff und Textilien identifiziert. Verbunden mit dieser Klassifizierung ist eine Fokussierung der Innovationsförderung von Hightech, wodurch die Innovationsfähigkeit von forschungsschwachen Unternehmen sowie die Verbindung von forschungsintensiven und -schwachen Sektoren vernachlässigt werden (vgl. Hirsch-Kreinsen/Jacobson 2008; Hahn 2009). Für eine empirische Untersuchung von Letzterem soll mit diesem Beitrag ein konzeptioneller Rahmen gesetzt werden.

zwischen den Akteuren hinsichtlich Unternehmens- und Sektortraditionen, Fachsprachen, Stand der Technik und ähnlichem angenommen. Dies erhöht die Komplexität und die Notwendigkeit Abstimmung und Verbindlichkeit zwischen den Akteuren herzustellen. Gerade für die empirische Untersuchung können somit komplexe Innovationsprojekte mit sehr unterschiedlichen Akteuren in den Blick genommen werden, anhand derer Probleme und Lösungsansätze deutlich zum Ausdruck kommen. In einem zweiten Schritt werden, basierend auf bestehenden Konzepten, vorrangig aus dem Kontext der Science and Technology Studies, Thesen und mögliche Lösungsansätze für die Bewältigung von Komplexität und damit verbundener Abstimmungs- und Koordinationsprobleme in Innovationsprojekten formuliert.

In Abschnitt zwei wird das Phänomen „Innovation" definiert und hinsichtlich des Ablaufs und damit verbundener Probleme beschrieben. In Abschnitt drei wird das Konzept der ‚lokalen und globalen Ordnungen' von Disco und Van der Meulen (1998) skizziert. Daraus abgeleitet, werden erste Ideen zu einem Konzept erläutert, das auf der *These aufbaut, wonach die Etablierung eines interdisziplinären Diskursraumes zur Bewältigung von Abstimmungs- und Verbindlichkeitsproblemen zwischen forschungsschwachen und forschungsintensiven Akteuren notwendig ist.*

4.2. Das Phänomen Innovation

4.2.1. Innovationsdefinitionen – warum Innovation mehr als nur eine Neuheit ist

Mit der Entstehung und Verbreitung von Innovationen beschäftigen sich vorrangig mit je unterschiedlichen Perspektiven und Schwerpunkten nicht nur die Wirtschaftswissenschaften, sondern auch die Geschichts- und Politikwissenschaften sowie die Soziologie. Entsprechend dem damit verbundenen breiten Themenspektrum, werden unterschiedlichste Innovationsdefinitionen innerhalb der Disziplinen formuliert. Eine weitgehend etablierte und akzeptierte Definition wurde von Joseph Schumpeter bereits in den 1930er Jahren veröffentlicht.

Schumpeter definiert Innovationen als die Durchsetzung neuer Kombinationen von Produktionsmitteln (Schumpeter 1964 [1934]: 100). Diese neue Kombination darf jedoch nicht durch kleine kontinuierliche Schritte erreicht werden, sondern muss eine diskontinuierlich auftretende Entwicklung sein, damit volkswirtschaftlich betrachtet, entsprechende Ungleichgewichte entstehen, die zu Wachstum führen. Darunter fallen den Konsumenten noch nicht bekannte Güter und Qualitäten, im

Industriezweig noch nicht bekannte Produktionsmethoden sowie Re-Organisationsprozesse, neue Absatzmärkte und Rohstoffquellen (ebd.). 1939 beschreibt er dieses „Andersmachen im Gesamtbereich des Wirtschaftslebens" explizit als „Innovation" (Schumpeter 1939: 91). Innovationen, so betont Schumpeter, sind mehr als eine Erfindung. Sie müssen im Markt eingeführt worden sein, also nicht in der allseits bekannten Schublade verschwinden. Des Weiteren müssen Innovationen nicht zwingend auf neuen wissenschaftlichen Erkenntnissen im Sinne von Erfindungen basieren, da hiervon nicht automatisch ökonomisches Wachstum ausgeht.

Diese beiden Spezifizierungen machen Schumpeters Innovationsverständnis als Basisdefinition für industrielle Innovationsprozesse besonders interessant. Zum einen wird bei industriellen Innovationstätigkeiten in der Regel die Markteinführung bereits zu Beginn des Entwicklungsprozesses mitgedacht. Zum anderen hat sich gezeigt, dass bei industriellen Innovationsprozessen neues wissenschaftliches Wissen nicht zwingend erforderlich ist (Bender/Laestadius 2007: 195 f.). An dieser Stelle wird auch der Unterschied von Schumpeters Innovationsverständnis zu linearen Innovationsmodellen[3] deutlich, in denen Forschung als der zentrale Impuls für Innovationen angesehen wird. Für Schumpeter ist Innovation ein Prozess der „schöpferischen Zerstörung" (Schumpeter 1993 [1950]: 137 f.), der auf der einen Seite alte Strukturen wie Produktionsprozesse, Güter und Märkte zerstört, aber auf der anderen Seite auch neue Strukturen schafft. Hier setzt diese Arbeit an. Allgemein gesprochen, stellt sich die Frage: Wie setzen sich Akteure über bestehende Abläufe, Prozesse und Lösungswege hinweg und wie werden dabei die notwendigen Strukturen geschaffen, um Neues zu entwickeln?

Eine weitere Konkretisierung des Phänomens Innovation ist durch die Unterscheidung verschiedener Innovationstypen möglich. Weit verbreitet ist die Unterscheidung von Freeman und Perez (1988) zwischen inkrementellen und radikalen Innovationen. *Inkrementelle Innovationen* sind kontinuierliche Modifikationen eines bestehenden Produkts oder Prozesses. Diese implizieren eher geringe Veränderungen und stärken somit die Wettbewerbssituation des bereits auf dem Markt etablierten Unternehmens (z. B. die Erhöhung der Speicherkapazität eines mp3-Players). *Radikale Innovationen* hingegen sind eher diskontinuierlich entwickelte und auf wissenschaftlichem Wissen basierende Innovationen

---

3 Das lineare Model wird auch heute noch immer wieder in Politik und Wissenschaft angeführt, doch die fundamentale Kritik daran überwiegt. Mit Bezug auf diese Kritik, wird das Model hier nicht weiter diskutiert (Fagerberg 2005, Bender/Laestadius 2007: 195 f.).

(bspw. die Einführung des ersten mp3-Players), die für das Unternehmen die Erschließung neuer Märkte bedeutet (Freeman/Perez 1988: 48 ff.). Allerdings bringt auch diese Spezifizierung von Innovationstypen keine konkreten Erkenntnisse über den Ablauf von Innovationsprozessen.

Henderson und Clark (1990) kritisieren diese Zweiteilung sogar als „fundamentally incomplete" (Henderson/Clark 1990: 10), indem sie die Bedeutung von Innovationen betonen, die zwar geringe Verbesserungen hinsichtlich der bestehenden Technologie bedeuten, aber ähnliche Auswirkungen auf die Wettbewerbsposition haben wie radikale Innovationen. Sie bezeichnen diesen Innovationstyp als „architectural innovation" (ebd.). Das Kerndesign einer Innovation sowie das Wissen über die einzelnen Komponenten bleiben bestehen. Weiterentwickelt werden die Zusammensetzung der Komponenten, die Architektur, und damit auch das Wissen über Verbindungen und Zusammenwirken dieser Komponenten (Henderson/Clark 1990: 12). Henderson und Clark illustrieren ihr Konzept anhand der Entwicklung des Tischventilators. Basierend auf dem ursprünglichen Konzept des Deckenventilators bleiben zentrale Komponenten wie der Motor, die Rotorenblätter etc. bestehen. Verändert werden die Größe und die Anordnung der einzelnen Komponenten – der Motor befindet sich beispielsweise nun an der Seite und nicht mehr oben am Gerät. Hierzu wird das Wissen über die Komponenten genutzt; weiterentwickelt wird jedoch das Wissen über die Zusammenhänge und Verbindungen, die Architektur der einzelnen Komponenten.

Henderson und Clark zeigen, dass die Entwicklungsprozesse nicht von neuem wissenschaftlichen Wissen initiiert werden oder abhängen müssen. Stattdessen betonen sie die Entstehung neuen Wissens durch die Re-Kombination bestehender Komponenten. Hierzu bedarf es spezifischer Fähigkeiten, relevantes Wissen zu erkennen und für den Innovationsprozess zu nutzen. In Zusammenhang mit ihrem Konzept der „innovation enabling capabilities" verweisen Bender und Laestadius auf die Relevanz des Ansatzes von Henderson und Clark für die Erklärung von industriellen Innovationsprozessen (Bender/Laestadius 2007: 205 f.).

Bereits diese Erläuterungen zur Definition von Innovationen zeigen, dass Innovationen mehr sind als lediglich eine „Neuheit". Es gibt durchaus Notwendigkeiten wie die Markteinführung oder die Generierung neuen, nicht unbedingt wissenschaftlichen Wissens sowie spezifische Fähigkeiten, unterschiedliches Wissen zu erkennen und hinsichtlich des spezifischen Kontextes zu transformieren.

4.2.2. Innovationen als soziale und organisierte Prozesse – der Mythos des einsamen Erfinders

Thomas A. Edison ist weltweit bekannt als der Erfinder der elektrischen Glühbirne im Jahre 1880. Weniger bekannt ist, dass er diese Entwicklung zwar als führender Kopf vorantrieb, aber dennoch von einem Team dabei unterstützt wurde, das später sogar zu einer Art Entwicklungsabteilung seines Unternehmens wurde. Wenn hier ein dominanter Denker seine Vision vorantrieb, so bestätigt sich diese Konstellation für industrielle Innovationsprozesse eher weniger. Wie Robertson und Smith (2008) zeigen, beziehen die Unternehmen ihr Wissen aus verteilten unternehmensinternen und -externen Wissensbasen („distributed knowledge bases').

> „A ‚distributed knowledge base' is a set of knowledges/knowledge sources maintained across an economically and/or socially integrated set of agents and institutions. In general, enterprises do not depend on a single technology or on single sources of technological knowledge. They must blend knowledge that is distributed among various knowledge bases according to such factors as industrial source, geographical location, intellectual (scientific or technical) location, social location and chronology." (Robertson/Smith 2008: 100 ff.)

Innovationen sind soziale und organisierte Prozesse, an denen verschiedene Akteure beteiligt sind (vgl. Weyer 1997: 37). Ersteres ist mittlerweile, wie auch Russel und Williams (2002) anführen, weitgehend akzeptiert.

> „Technologies are produced and used in particular social contexts, and the processes of technological change are intrinsically social rather than simply being driven by a technical logic." (Russel/Williams 2002: 48).

Die am Innovationsprozess beteiligten Akteure können zur gleichen Abteilung oder zum gleichen Unternehmen gehören. Sie können aber auch, wie bei Innovationsprojekten zwischen forschungsschwachen und forschungsintensiven Unternehmen, aus unterschiedlichen Organisationen, aus anderen Sektoren oder Forschungsinstituten kommen. Es ist recht nahe liegend, dass hier unterschiedliche Akteure hinsichtlich ihrer Bildungswege und -abschlüsse, ihrer finanziellen Ausstattung, ihrer Ziele, Kernaktivitäten und Fähigkeiten aufeinander treffen. Gläser u. a. (2004: 7) führen Unterschiede auf verschiedene technische Fachsprachen, Vorzüge und Interessen zurück. Diese Verschiedenheit der Akteure ist Basis für Kommunikations- und Abstimmungsprobleme wie sie unter anderem Rogers thematisiert. Er beschreibt Diffusion als „the process in which an innovation is communicated [...] among the members of a social system" (Rogers 2003: 5). Kommunikation definiert er als Prozess, bei dem die Akteure Informationen untereinander teilen, verbreiten und generieren. Die Kommunikation von Wissen zwischen unterschiedlichen Akteuren trifft aber nicht nur auf Diffusions-, sondern gerade auch auf Innovationsprozesse zu, an denen unterschiedliche Akteure beteiligt sind. Deutlich stellt Rogers heraus, dass eher gleichartige Akteure kooperieren, da dies zu einer effektiveren Kommunikation beiträgt. Trotz möglicher Kommunikationsprobleme zwischen weniger gleichartigen Akteuren, ist ein gewisses Maß an Ungleichheit nach Rogers aber notwendig, um überhaupt neue Informationen austauschen zu können (Rogers 2003: 19).

Hieraus resultierende Koordinations- und Abstimmungsprobleme lassen sich bereits in der Zusammenarbeit unterschiedlicher Abteilungen, wie dem Marketing und dem Controlling, innerhalb eines Unternehmens identifizieren. Obwohl solche Probleme durchaus schwerwiegend sein können, besteht zwischen den Akteuren ein grundsätzliches Verständnis über Abläufe und Routinen sowie über die grundsätzliche Ausrichtung des Unternehmens. Dies stellt ein gewisses Maß an Homogenität und Übereinstimmung sicher. Problematischer wird die Situation bei der Zusammenarbeit von forschungsschwachen und forschungsintensiven Unternehmen, die oftmals aus unterschiedlichen Branchen kommen und auch an Universitäten mit anderen Organisationslogiken angebunden sein können. Hier ist der gemeinsame „background" sehr viel kleiner. Ansätze für gemeinsame Problemlösungen, die Überbrückung von Kommunikationsproblemen und organisatorischen Schwierigkeiten müssen erst noch etabliert werden.

An dieser Stelle wird die Komplexität von Innovationsprozessen aufgrund der Verschiedenheit der beteiligten Akteure und damit verbundener Kommunikationsprobleme bereits deutlich. Die eingangs gestellte Frage wie verteilte, unabhängige und unterschiedliche Akteure ein gewisses Maß an Sicherheit, Abstimmung und Verbindlichkeit herstellen, gewinnt unter diesen Bedingungen weiter an Bedeutung. Weiterhin tragen, wie im Folgenden dargestellt, der weitestgehend offene und unsichere Ablauf und Ausgang von Innovationsprozessen zu der Erhöhung von Komplexität bei.

4.2.3. Innovationsprozesse – offen und unsicher, aber dennoch aktiv gestaltet

Der Innovationsprozess sowie das Ergebnis sind im höchsten Maße offen und unsicher.

Sie bergen Komplexität und dürfen somit bei der Betrachtung des

Phänomens Innovation nicht fehlen. Der Ablauf von Innovationsprozessen wird nicht rückwärts wie etwa bei Produktionsprozessen, von einem zukünftigen bereits bekannten und klar definierten Ergebnis ausgehend, strukturiert. Hier ist relativ klar, dass zu einem bestimmten Liefertermin das angeforderte Produkt fertig gestellt sein muss. Produktionsbeginn und -ablauf können von diesem Zeitpunkt ausgehend, basierend auf Erfahrungswerten vorheriger Produktionsprozesse, geplant werden. Produktionsdauer, Lieferfristen der Zulieferer, Personaleinsatz, Maschinenbelegung etc. werden in eine sinnvolle Reihenfolge gebracht und so kalkuliert, dass zum Liefertermin die angeforderten Produkte fertig gestellt sind. Innovationsprozesse können nicht vorab auf diese Art geplant werden. Zwar gibt es bei industriellen Innovationsprojekten auch Fristen, in denen das Projekt abgeschlossen sein muss. Auch steht möglicherweise schon theoretisch fest, wie das Produkt aussehen soll und welche Eigenschaften es haben muss. Doch der Weg dorthin, sowie das Zusammenspiel einzelner Komponenten sind noch unsicher und schwer planbar. Vom Kunden vorgegebene Fristen erhöhen Komplexität in solchen Projekten eher, als dass sie strukturierend wirken. Die Entwickler müssen mit nichtvorhersehbaren Fehlschlägen, Rückschritten, Revisionen und Sackgassen im Entwicklungsprozess umgehen, um den vereinbarten Termin einzuhalten. Auch hier wird wieder deutlich, wie wenig linear solche Innovationsprozesse tatsächlich ablaufen.

> „Technological and social change, however, are never fully planned and predicted; they are subject to frequent setbacks and failures and emerge in the course of local struggles to produce a working technology and accommodate it in its use setting." (Russel/Williams 2002: 51)

Ideen, Erwartungen oder Versprechen, an denen sich die Entscheidungsfindung orientiert, mögen existieren und dem Projekt eine Richtung geben. Die Realisierung ist jedoch weitestgehend undefiniert und unsicher, da sich auch während des Projekts wie oben beschrieben noch Änderungen ergeben können.

Rammert beschreibt das Problem der Unsicherheit als ‚circle of uncertainties' (Rammert 2002: 177). Er zeigt, dass das Problem weniger das Treffen *einer* wichtigen Entscheidung ist, sondern vielmehr ein Set aus miteinander in Beziehung stehenden Unsicherheiten. Dieses Set besteht aus Unsicherheiten hinsichtlich des Zugangs zu Informationen, spezifischen Fähigkeiten relevantes Wissen zu identifizieren und anzuwenden sowie ökonomischen Problemen wie das Produkt auf dem Markt zu etablieren, Patentierungen, Renditen etc.

Auch Brown, Rappert und Webster (2000: 5) betonen, dass die wissenschaftliche und technische Zukunft keineswegs das Ergebnis eines linearen oder sich naturgemäß entwickelnden Prozesses ist. Sie stellen heraus, dass Zukunft nicht nur offen und unsicher ist, sondern auch in der Gegenwart aktiv über durchaus umstrittene Forderungen gestaltet wird. „The future of science and technology is actively created in the present through contested claims and counterclaims over its potential" (ebd.). Das Konzept der umkämpften Zukünfte von Brown und Kollegen zeigt Parallelen zu Innovation als ein, in der Zukunft liegender Prozess. Der Begriff der Innovation als sozialer Prozess bekommt hier eine weitere Dimension. Ein recht prominentes Beispiel für umkämpfte technische Zukünfte ist die Entwicklung eines DVD-Nachfolgers. Verschiedene Unternehmen, die die Blue-Ray Disc Variante oder die HD-DVD Technologie unterstützen, konkurrieren um die zukünftige Marktmacht. Solche Aushandlungsprozesse finden sich auch in industriellen Bereichen, wo unterschiedliche Materialien wie beispielsweise Stahl und Aluminium konkurrieren und es darum geht, durch Innovationen mögliche Abnehmer, wie die Automobilindustrie, von den Vorteilen des ein oder anderen Produktes mittel- bis langfristig zu überzeugen.

Auch hier konkretisieren sich nun die eingangs aufgeworfenen Fragen. Die Details über den Ablauf und das Ergebnis der in der Zukunft liegenden Entwicklung sind nicht im Voraus bekannt. Entscheidungen, die den Prozess und das Ergebnis beeinflussen, müssen jedoch heute getroffen werden. Wie können Prozesse organisiert werden, die auf zukünftige Ergebnisse ausgerichtet sind? Wie wird ein Minimum an Sicherheit in Prozessen hergestellt, die per Definition unsicher sind? Anhand dieser Ausführungen ist deutlich geworden, warum (industrielle) Innovationsprozesse ein recht hohes Maß an Komplexität aufweisen, die in irgendeiner Form von den daran beteiligten Akteuren bewältigt werden muss. Ursachen für diese Komplexität finden sich in der Unsicherheit und Offenheit des Innovationsprozesses sowie der Heterogenität der Akteure. Im folgenden Absatz wird nun der Frage nachgegangen, wie Abstimmung und Verbindlichkeit bei Innovationsprojekten hergestellt werden können.

4.3. Koordination verteilter Akteure durch lokale und globale Ordnungen

Technologieentwicklung, so Disco und van der Meulen (1998), ist nicht nur das Ergebnis einer lokalen Akteursstrategie. Sie argumentieren, dass durch globale Ordnungen, lokales Handeln, wie bspw. technische Innovationsprojekte, koordiniert und soziale Ordnung stabilisiert wird (Disco/van der Meulen 1998: 325). Mit der Unterscheidung zwischen lokalen und globalen Ordnungen wird in erster Linie die Reichweite der jeweiligen Ordnung ausgedrückt. Demnach ist die *lokale Ordnung* etwas begrenztes und spezifisches, wie der Ablauf einer Transaktion zwischen Marktteilnehmern oder bestimmte Routinen und Verfahren in einem Unternehmen. *Globale Ordnungen* sind zu Beginn einer technischen Entwicklung bereits existierende soziale Strukturen wie Märkte, Rechtssysteme oder der Stand der Technik, die das Handeln von Akteuren ermöglichen, aber auch beschränken. Als Beispiel nennen sie die Orientierung bei Chip-Entwicklungen am Mooreschen Gesetz oder an einem bestimmten Design von Schiffsschrauben. Der Konsens über ein gemeinsames Design erleichtert die Abstimmung der Tätigkeiten verschiedenster Akteure wie Wissenschaftler, Werften, Versicherungen, Schiffsschraubenherstellern, die in diesem Bereich arbeiten und ihr Handeln aufeinander ausrichten.

Globale Ordnungen sind demnach für unterschiedliche lokale Praktiken zugänglich und ermöglichen somit die Technologieentwicklung zwischen unterschiedlichen Akteuren. Disco und van der Meulen definieren zum einen global verfügbare Konstrukte wie den Stand der Technik und der Wissenschaft in einem bestimmten Gebiet, Rechtsordnungen, politische Programme etc., die beispielsweise über Fachzeitschriften zugänglich sind. Des Weiteren gibt es globale Handlungsträgerschaften, die nicht als lediglich aggregierte Handlungen der Mikroebene zu verstehen sind – vielmehr vertreten solche globalen Organisationen auch eigene Interessen (Disco/van der Meulen 1998: 329). Ein Beispiel wären die Generaldirektionen der europäischen Kommission, die durch Vorschläge für Richtlinien und Förderprogramme entsprechend ihrer Arbeitsschwerpunkte Technologieentwicklung in bestimmten Bereichen finanziell und rechtlich fördern ohne beispielsweise als Abgesandte einer Universität direkten Bezug zu lokalen Technologieentwicklungsprojekten zu haben.

Diese kurze Beschreibung von globalen Ordnungen bezieht sich vorrangig auf die Koordination von Handeln über räumliche Distanzen hinweg. Die Autoren betonen jedoch, dass globale Ordnungen ebenso über Zeitperioden und inhaltliche Diskurse hinweg als Handlungsorientierung dienen. Auf diese drei Dimensionen Raum, Zeit und Diskurs wird später noch einmal eingegangen.

Während die Entstehung vollkommen neuer globaler Ordnungen recht umfassende Neuerungen voraussetzt[4], umreißen Disco und van

---

4 Zur Veränderung oder Entstehung globaler Ordnungen (Disco/van der Meulen 1998: 325 ff.) bedarf es Veränderungen, Konzepten oder ähnlichem, deren Intensität und Verbreitung über die von industriellen Innovationsprojekten hinausgehen. Aus diesem Grund ist die Entstehung globaler Ordnung in diesem Kontext nicht

der Meulen kurz die Entwicklung von ‚ad hoc global orders' (ebd.: 325). Diese entstehen zwar im Kontext langfristig bestehender globaler Ordnungen, es wird jedoch versucht, daraus resultierende strukturelle Einschränkungen zu überwinden. Die am Innovationsvorhaben beteiligten Akteure werden bei der Entwicklung und Definition ihres Innovationsprojektes durch solche ad hoc global orders koordiniert. Während das Konzept der Koordination von Technologieentwicklung durch globale und lokale Ordnungen bei der empirischen Untersuchung als Heuristik dienen kann, bieten ad hoc global orders einen konkreten Ansatzpunkt für die Konzeptualisierung von Innovationsprojekten zwischen forschungsintensiven und forschungsschwachen Unternehmen und Instituten. Allerdings gehen Disco und Van der Meulen nicht weiter auf diese Koordinationsform ein, so dass einige Fragen nach der Dauer, den Entstehungs- und Koordinationsmechanismen etc. offen bleiben.

Disco und van der Meulen beschreiben wie Koordination technischer Entwicklungen durch globale Ordnungen über räumliche und inhaltliche Distanz sowie über bestimmte Zeiträume hinweg möglich ist. Um Abstimmung und Verbindlichkeit in Innovationsprojekten herzustellen, ist es notwendig eben diese inhaltlichen, räumlichen und zeitlichen Distanzen zusammenzubringen und zu überwinden. Um diesen Abstimmungs- und Koordinationsaufwand zu bewältigen, so die These, ist die *Etablierung eines interdisziplinären Diskursraumes* notwendig. Ähnlich wie ad hoc global orders entsteht dieser im Kontext bestehender globaler Ordnungen – auch hier wird durch erfolgreiche Entwicklungen versucht, Beschränkungen zu überwinden. Ausgestattet ist dieser Diskursraum unter anderem mit ‚boundary objects' (Star 2004) und spezifischen Erwartungen, die die Kommunikation erleichtern und den Raum abgrenzen. Konstruktionspläne, Prototypen und Muster sind Beispiele für solche boundary objects. Dieses sind

> „Objekte, die plastisch genug sind, um sich an die lokalen Bedürfnisse und constraints der sie verwendenden Parteien anzupassen, aber auch robust genug, um eine gemeinsame translokale Identität zu bewahren" (Star 2004: 70).

Bei einem Innovationsprojekt, das von einem wissenschaftlichen Institut unter der Mitwirkung verschiedenster Unternehmen geleitet wurde, verwies der Projektleiter explizit auf die Bedeutung von sichtbaren und greifbaren Prototypen, die bei jedem Projekttreffen dem Entwicklungsfortschritt angepasst wurden. An diesen Teilen, die die zielgerichtete Kommunikation erleichterten, orientierten sich die Diskussion und die

---

vorrangig relevant und wird in diesem Beitrag nicht weiter thematisiert.

Verbesserungsvorschläge bei ihren Projekttreffen. Borup und Kollegen (2006) schreiben ‚expectations', die Fähigkeit zu, zwischen Grenzen zu vermitteln und somit wesentlich für die Koordination von Communities und Gruppen zu sein, denen verschiedenste Akteure angehören. „Expectations [...] provide structure and legitimation, attract interest and foster investment" (Borup u. a. 2006).

Basierend auf den Konzepten boundary objects und expectations können erste konkrete Modi identifiziert werden, die Orientierung in Innovationsprojekten bieten und somit den Diskursraum ‚ausstatten'. Doch durch welche Dimensionen wird Komplexität erzeugt und bewältigt? Die drei Dimensionen „Raum", „Zeit" und „Diskurs" begrenzen in gewisser Weise den Diskursraum, indem sie zugleich Komplexität erzeugen aber auch bewältigen können.

Raum: Wie eingangs erläutert, ist Kooperation eine in etablierten Industriesektoren nicht selten genutzte Möglichkeit zur Entwicklung neuer Produkte und Prozesse. Auch Robertson und Smith (2008, Abschnitt 2.2) zeigen, dass Unternehmen ihr Wissen auch aus externen Wissensquellen beziehen. Diese verteilten Wissensbasen können zwar auch in Maschinen, Literatur etc. inkorporiert sein, doch nehmen hier Unternehmen als Kooperationspartner eine relevante Position ein. Ein nicht unerheblicher Faktor zur Steigerung von Komplexität und damit auch Koordinationsaufwand, ist die räumliche Distanz, die zwischen den kooperierenden Unternehmen liegt. So betont auch beispielsweise Porter in seiner Clustertheorie, die Bedeutung räumlicher Nähe für Innovationstätigkeiten (Porter 1998: 200 ff.).

Wie erste Befragungen von Unternehmen zeigen, reduzieren Unternehmen hier gezielt Komplexität, indem sie bevorzugt Kooperationspartner wählen, die möglichst in der Nähe ihres Unternehmens ansässig sind. Nähe sollte nicht lediglich auf die Höhe der Kilometer reduziert werden: Unternehmen entscheiden sich eher für das nähergelegene Unternehmen, auch wenn dieses vielleicht 150 km entfernt liegt. Ein weiteres Entscheidungskriterium bildet hier die gemeinsame Landessprache, wodurch Komplexität durch die leichtere Möglichkeit der Verständigung reduziert wird.

Zeit: Komplexität und Abstimmungsprobleme werden hier zum einen durch unterschiedliche Vorstellungen von Zeit oder Dauer eines Projektes erzeugt. Es ist vorstellbar, dass universitären Projektpartnern ein anderer Zeithorizont vorschwebt, als ihren Partnern aus der Industrie, die Entwicklungen möglicherweise schneller und zeitnaher vorantreiben müssen. Zum anderen erhöht die Vorgabe enger Entwicklungsfristen durch den Kunden oder Auftraggeber, die Komplexität und Notwendigkeit der Abstimmung bei Innovationsprojekten. Die beauftragten Unternehmen müssen damit umgehen, wenn Entwicklungswege geändert werden oder bestimmte Untersuchungen oder Messungen länger dauern als ursprünglich geplant. Eben solche Revisionen und Änderungen in unsicheren Innovationsprozessen in Kombination mit eng gesetzten Entwicklungszeiten erhöhen in diesem Fall die Komplexität. Die Fähigkeit Probleme, Chancen, mögliche Ergebnisse und Abläufe zu antizipieren scheint hier zentral zu sein, um zeitlich knapp bemessene Prozesse vorab erfolgreich zu planen.

Diskurs: In der Dimension „Raum" wurde die Komplexität durch räumlich verteilte Akteure und damit verbunden, unterschiedlichen Landessprachen erzeugt. In der Dimension „Diskurs" geht es nun vielmehr um die inhaltliche Distanz der Akteure, die sich beispielsweise in unterschiedlichen Fachsprachen, Lösungsansätzen und Sektoren manifestiert. Rogers (2003: 19) hat in diesem Zusammenhang auf mögliche Kommunikationsprobleme verwiesen. In einem der befragten Unternehmen war es der Projektleiter, der beide Sprachen sprach und somit zwischen Werkzeug- und Materialtechnikern für den notwendigen Wissenstransfer sorgen konnte.

4.4. Resümee

Mit diesem Beitrag wurde die Notwendigkeit aufgezeigt, interdisziplinäre Diskursräume bei Innovationsprojekten zwischen forschungsschwachen und forschungsintensiven Unternehmen und Instituten zu etablieren, um Abstimmung und Verbindlichkeit zwischen den Akteuren herzustellen.

Innovationen sind zum einen durchaus voraussetzungsvoll, da sie die Notwendigkeit einer erfolgreichen Markteinführung implizieren und ein gewisses Maß an Neuheit beinhalten müssen (vgl. Schumpeter). Neues wissenschaftliches Wissen, welches bei linearen Innovationsmodellen immer der Initiator für Innovationen ist, erwies sich als nicht zwingend notwendig. In diesem Zusammenhang wurde einmal mehr deutlich, dass Innovationsprozesse alles andere als lineare Entwicklungsprozesse sind. Durch die Unsicherheit und Offenheit bei der Gestaltung des Innovationsprozesses und des Ergebnisses gibt es immer wieder Revisionen, Sackgassen und neue Wege, die vorab nicht geplant werden können. Die Verschiedenheit der am Innovationsprozess beteiligten, verteilten und unabhängigen Akteure hinsichtlich ihrer Ziele, Interessen, ihres technischen und disziplinären Hintergrunds und ihrer Lösungsansätze birgt weitere Komplexität bei Kommunikations- und Abstimmungsprozessen. Dies ist ein zentraler Punkt, da (industrielle) Innovationen eben nicht im „stillen Kämmerlein" entwickelt werden, sondern oftmals unter Beteiligung verschiedener externer Partner. Zur Schaffung von Abstimmung und Verbindlichkeit bei Innovationsprojekten zwischen forschungsschwachen und forschungsintensiven Unternehmen und Instituten ist die Etablierung eines interdisziplinären Diskursraums eine notwendige Vorraussetzung. Begrenzt wird dieser Raum durch die bisher identifizierten Dimensionen „Raum", „Zeit" und „Diskurs", in denen Komplexität sowohl erzeugt als auch bewältigt wird. So können durch räumliche und sprachliche Nähe Kommunikationsprobleme reduziert werden, Antizipationsfähigkeit trägt zur strukturierten Vorausplanung von Prozessen bei und Übersetzungsleistungen unterstützen die Abstimmung von Akteuren aus unterschiedlichen Disziplinen. Handeln innerhalb dieses Diskursraums wird durch spezifische expectations und boundary objects strukturiert.

Dies sind erste Überlegungen zu Komplexitätsdimensionen und Mechanismen zur Strukturierung und Abstimmung von Handeln in Innovationsprojekten, die aber gerade wegen ihrer Vorläufigkeit auch die Notwendigkeit für weitere empirische Untersuchungen aufzeigen.

Literatur

Bender, Gerd; Laestadius, Staffan (2007): Innovationen ohne Wissenschaft und Forschung. In: Abel, Jörg; Hirsch-Kreinsen, Hartmut. (Hg.): Lowtech-Unternehmen am Hightech Standort. Berlin: Edition Sigma, S. 193-227.

Borup, Mads u. a. (2006): The Sociology of Expectations in Science and Technology. In: Technology Analysis & Strategic Management, Jg. 18, H. 3/4, S. 285-298.

Brown, Nik; Rappert, Brian; Webster, Andrew (2000): Introducin Contested Futures. From Looking into the Future to Looking at the Future. In: Brown, N.; Rappert, B.; Webster, A. (Hg.): Contested futures. a sociology of prospective techno-science. Burlington u. a.: Ashgate Publishing, S. 3-21.

Disco, Cornelis; van der Meulen, Barend (1998): Getting Case Studies Together. Conclusions on the Coordination of Sociotechnical Order. In: Disco, Cornelis; van der Meulen, Barend (Hg.): Getting New Technologies Together. Berlin, New York: Walter de Gruyter, S. 323-351.

Fagerberg, Jan (2005): A Guide to the Literature. In: Fagerberg, J.; Mowery, D. C.; Nelson, R. R. (Hg.): The Oxford Handbook of Innovation. Oxford: Oxford University Press, S. 1-26.

Freemann, Christopher; Perez, Carlotta (1988): Structural crises of adjustment, business cycles and investment behaviour. In: Dosi, Giovanni u. a. (Hg.): Technical Change and Economic Theory. London/New York: Pinter Publishers, S. 38-66.

Gläser, Jochen u. a. (2004): Einleitung: Heterogene Kooperation. In: Strübing, Jörg u. a. (Hg.): Kooperation im Niemandsland. Neue Perspektiven auf Zusammenarbeit in Wissenschaft und Technik. Opladen: Leske+Budrich, S. 7-24.

Hahn, Katrin (2009): Der Lissabon-Prozess: Warum eine Hightech-Strategie zur Innovationsförderung nicht ausreicht. In: WSI Mitteilungen 6/2009, S. 302-309.

Hall, Bronwyn H. (2006): Innovation and Diffusion. In: Fagerberg, Jan; Mowery, David C., Nelson, Richard R. (Hg.): The Oxford Handbook of Innovation. New York: Oxford University Press, S. 459-484.

Henderson, Rebecca; Clark, Kim B. (1990): Architectural Innovation. The Reconfiguration of Existing Product Technologies and the Failure of Established Firms. In: Administrative Science Quarterly, Jg. 35, S. 9-30.

Hirsch-Kreinsen, Hartmut (2008): Low-Technology: A Forgotten Sector in Innovation Policy. In: Journal of Technology Management & Innovation, Jg. 3, H. 3, S. 11-20.

Hirsch-Kreinsen, Hartmut; Jacobson, David (Hg.) (2008): Innovation in Low-Tech Firms and Industries. Cheltenham/Northampton: Edward Elgar. OECD (2007): Science, Technology and Industry Scoreboard 2007. Paris: OECD Publishing.

Porter, Michael E. (1998): Clusters and Competition. In: Porter, Michael E. (Hg.): On Competition. Boston: Harvard Business School Press, S. 197-287.

Rammert, Werner (2002): The Cultural Shaping of Technologies and the politics of Technodiversity. In: Sørensen, Knut H.; Williams, Robin (Hg.), Shaping Technology, Guiding Policy: Concepts, Spaces & Tools. Cheltenham/Northampton: Edward Elgar, S. 173-194.

Robertson, Paul; Smith, Keith (2008): Distributed knowledge bases in low- and medium-technology industries. In: Hirsch-Kreinsen, Hartmut; Jacobson, David (Hg.): Innovation in Low-Tech Firms and Industries. Cheltenham/Northampton: Edward Elgar, S. 93-117.

Rogers, Everett M. (2003): Diffusions of Innovations. New York u. a.: Free Press.

Russel, Stewart; Williams, Robert (2002): Social Shaping of Technology: Frameworks, Findings and Implications for Policy with Glossary of Social Shaping Concepts. In: Sørensen, Knut H.; Williams, Robin (Hg.): Shaping Technology, Guiding Policy: Concepts, Spaces & Tools. Cheltenham/Northampton: Edward Elgar, S. 37-131.

Schumpeter, Joseph A. (1939): Business Cycles: A Theoretical, Historical, and Statistical Analysis of the Capitalist Process. New York and London: Mc Graw-Hill Book Company, Inc.

Schumpeter, Joseph A. (1964) [1934]: Theorie der wirtschaftlichen Entwicklung. Berlin: Duncker & Humblot.

Schumpeter, Joseph A. (1993) [1950]: Kapitalismus, Sozialismus, Demokratie. Tübingen and Basel: A. Francke Verlag.

Star, Susann Leigh (2004): Kooperation ohne Konsens in der Forschung: Die Dynamik der Schließung in offenen Systemen. In: Strübing, Jörg u. a. (Hg.): Kooperation im Niemandsland. Neue Perspektiven auf Zusammenarbeit in Wissenschaft und Technik, Opladen: Leske+Budrich, S. 58-76.

Weyer, Johannes (1997): Technik, die Gesellschaft schafft: soziale Netzwerke als Ort der Technikgenese. Berlin: Edition Sigma.

5. Technologiepolitik und klimafreundliche Technologien: Die Legitimierung von neuen Politikinitiativen durch Diskurs und deren Implementierung

Florian Kern

5.1. Einleitung[1]

Klimaschutz hat sich zu einem der wichtigsten Handlungsfelder der Technologiepolitik entwickelt. Neue Technologien sollen dabei helfen, die Resourcen- und Energieeffizienz zu steigern und den Ausstoß von Klimagasen zu vermindern. Die Förderung von emissionsarmen Energietechnologien ist daher in vielen europäischen Ländern ein zentraler Aspekt von Technologiepolitik geworden. Die Förderung von bestimmten Technologien ist aber nicht unumstritten, wie politische Kontroversen über die Akzeptanz von Windkraft, Biodiesel, Atomenergie oder CO_2-Speicherung zeigen. Technologiepolitik ist also durchaus politisch und eine rein ökonomische oder technikorientierte Betrachtungsweise greift daher zu kurz. Politische Einflüsse auf die Technikentwicklung können anhand des Beispiels der Förderung von klimafreundlichen Technologien besonders gut analysiert werden.

Verschiedene EU Staaten versuchen sich als Vorreiter im Klimaschutz zu etablieren und fördern emissionsarme Energietechnologien um den Ausstoss von Klimagasen zu vermindern, aber auch um neue Industrien zu etablieren. Wie kommen in diesem Zusammenhang neue Politikinitiativen zustande und wie werden sie legitimiert? Mein Beitrag argumentiert, dass Diskursanalyse ein geeigneter Ansatz für die Analyse von politischen Einflüssen auf die Technikentwicklung ist. Die empirische Analyse eines Fallbeispiels von Technologiepolitik in Großbritannien verdeutlicht, wie eine neue Politikinitiative durch Diskurs legitimiert

---

[1] Dieser Beitrag beruht auf meiner Dissertation die vom UK Economic and Social Research Council (ESRC) unterstützt wird.

wird und welchen Einfluss dieser auf die Implementierung dieser Initiative hat. Damit zeigt mein Beitrag, inwiefern politische Ideen und deren Kommunikation Einfluss auf die Technologiepolitik haben.

5.2. Ein diskurstheoretischer Ansatz als Zugang zur Technologiepolitik

Meine zentrale Fragestellung ist, inwiefern neue Diskurse im Rahmen bestehender Institutionen zu neuen Politikinitiativen beitragen können und inwiefern Diskurse die Implementierung solcher Politikinitiativen beeinflussen. Dazu werden Konzepte von zwei sich ergänzenden Ansätzen zusammengebracht: der von Vivien Schmidt entwickelte Ansatz des ‚discursive institutionalism' (Schmidt 2003; 2007; 2008) und Marteen Hajers etablierter Diskurskoalitionen Ansatz (Hajer 1995; Hajer/Versteeg 2005).

Schmidts Forschungsansatz ist Teil des *new institutionalism*. Der *new institutionalism* ist ein politikwissenschaftlicher Forschungsansatz, der sich aus der Kritik von *behavioralism* and *rational choice* Ansätzen in den 80er and 90 Jahren entwickelt hat (John 2003; Schmidt 2006b). Möglichkeiten für politisches Handeln werden in dieser Denkschule hauptsächlich als institutionell bestimmt angesehen. Während *behavioralism* und *rational choice* Ansätze mehr Augenmerk auf individuelle Präferenzen und den Einfluss von Gesellschaft und Wirtschaft auf politische Institutionen legen, untersuchen institutionelle Ansätze, inwiefern formale Strukturen und in ihnen eingebettete Normen Einfluss auf politisches Handeln haben.

Im Gegensatz zu anderen Strömungen innerhalb dieser Forschungsrichtung (z.B. *rational choice institutionalism, historical institutionalism* und *sociological institutionalism*) betont der *discursive institutionalism* die Rolle von Ideen und Diskursen bei Politik- und institutionellem Wandel (Campbell 2001; Hay 2001; Schmidt/Radaelli 2004). Die anderen drei Varianten des *new institutionalism* werden dafür kritisiert, Wandel in Institutionen nur unzureichend erklären zu können, während dem *discursive institutionalism* in dieser Hinsicht ein größeres Potential zugeschrieben wird (Fischer 2003; Radaelli/Schmidt 2005; Nullmeier 2006). Schmidts Forschung versucht dabei insbesondere die Analyse von *policy construction* und *policy communication* zusammenzubringen. Schmidt betont daß ihr Forschungsansatz besonders geeignet ist, Dynamiken des institutionellen und Politik-Wandels zu untersuchen, indem analysiert wird, wie politische Akteure einen interaktiven Konsens für Wandel erzeugen (Schmidt 2001: 249).

Hajers Forschung beschäftigt sich mit der Rolle von Diskursen in Politikprozessen am Beispiel der Umweltpolitik und ist eher in der Politikfeldanalyse verortet. Sein einflussreiches Buch untersuchte Diskurse über ‚Sauren Regen' in den Niederlanden und Großbritannien (Hajer 1995) und etablierte Diskursanalyse als einen innovativen Ansatz um verschiedene politische Reaktionen auf Umweltprobleme zu analysieren. Basierend auf konstruktivistischen Ansätzen argumentiert Hajer, daß Umweltprobleme sozial konstruiert sind und ein wichtiger Teil von *environmental politics* darin besteht, welche Problemdefinition und Diskurse sich durchsetzen und damit bestimmte politische Problemlösungen eher begünstigen als andere. *Politics* kann verstanden werden als „a struggle for power played out in significant part through arguments about the ‚best story'" (Fischer 2003: x). Hajer definiert Diskurs als

> „a specific ensemble of ideas, concepts, and categorizations that are produced, reproduced, and transformed in a particular set of practices and through which meaning is given to physical and social realities" (Hajer 1995: 44).

Hajer entwickelte seinen diskurstheoretischen Ansatz um zu analysieren wie abstrakte Konzepte und Ideen einen realen Einfluss auf die Regelung der ökologischen Krise haben (Hajer 1995: 39). Diese Hinwendung zu Ideen als erklärende Variablen von Politikprozessen war das Resultat der Akkumulierung von Forschungsergebnissen die nahelegten, daß Erklärungen die nur auf materiellen Interessen oder existierenden Strukturen basieren oft zu kurz greifen (Fischer 2003). Während institutionelle Forschungsansätze hauptsächlich zu erklären versuchen wie Institutionen politische Ergebnisse beeinflussen, liegt der Schwerpunkt der Politikfeldanalysen auf der Erklärung von Politikprozessen (Howlett/Ramesh 2003; Hill 2005).

Mein Beitrag argumentiert, dass sich die Ansätze von Hajer und Schmidt ergänzen und einige ihrer respektiven Schwächen ausgleichen. Beide Autoren kombinieren ein Interesse für *politics* und die Dynamik von politischen Prozessen, welche Möglichkeiten für politisches Handeln hervorheben, mit einer institutionellen Perspektive, die die Hemmnisse für politisches Handeln hervorhebt. Obwohl Hajer die Bedeutung von existierenden Institutionen betont, bietet seine Analyse kein explizites theoretisches Konzept wie diese Institutionen analysiert werden können und seine Arbeit vernachlässigt *policy communication* als wichtige Dimension von Politikwandel. Hier bietet Schmidts Arbeit hilfreiche Einsichten. Schmidts Definition von Diskurs dagegen wird als zu breit angesehen und Hajer bietet in dieser Hinsicht mehr analytische „Griffigkeit" mit seiner Definition und dem Fokus auf Praktiken. Seine Arbeit betont insbesondere die Nützlichkeit des ‚story lines' Konzeptes um zu analysieren wie Diskurse Politikprobleme definieren, während bei Schmidt Probleme oft als gegeben angesehen werden (Schmidt 2003).

Nachdem die beiden Theorieansätze vorgestellt wurden, werden im Folgenden die Hauptkonzepte, auf denen die Analyse meiner Fallstudie basiert, beschrieben.

5.2.1. Story lines

Ein zentrales Konzept in Hajers Diskursanalyse sind sogenannte story lines, definiert als „generative sort of narrative that allows actors to draw upon various discursive categories to give meaning to specific physical or social phenomena" (Hajer 1995: 56). Die Kernidee des story lines Konzeptes ist, daß argumentative Prozesse sehr komplex sind und daher Akteure bestimmte story lines heraufbeschwören, anstatt auf einen ganzen Diskurs z. B. über Klimawandel zurückzugreifen. Story lines werden daher als Abkürzung für einen weiteren Diskurs benutzt und dienen als Referenzpunkt für Akteure. Story lines ist ein Sammelbegriff für Metaphern, Analogien, historische Referenzen, Klischees oder Appelle an kollektive Ängste oder Schuldgefühle, die die Komplexität eines Diskurses reduzieren und damit zu einer Problemschliessung beitragen: „New story-lines which re-order our understanding of policy problems can create political change" (Hajer 1995: 56). Als Beispiel beschreibt Hajer die story line vom ‚Sauren Regen', die industrielle Emissionen mit dem Sterben von Fischen und Wäldern und der Korrosion von Häusern in Verbindung bringt. Dieser Narrativ konstruiert eine schlagkräftige Geschichte, die Dringlichkeit (Waldsterben) und Schuld (die verschmutzende Industrie) in die politische Arena bringt und damit neue politische Forderungen ermöglicht.

5.2.2. Diskurs als Interaktion

Diskurs kann einerseits als kognitive und normative (Politik-)Ideen und andererseits als Interaktionsprozess durch den Ideen vermittelt werden verstanden werden (Schmidt 2007). Das Konzept der story lines deckt dabei mehr die kognitiven und normativen Inhalte von Diskursen ab. Neben der inhaltlichen Seite eines Diskurses ist es aber wichtig, auch die interaktive Dimension von Diskursen zu beleuchten: „this interactive dimension is essential because it brings both agency and institutions back into the analytical framework of analysis" (Schmidt/Radaelli 2004: 183). Diskurs als Interaktionsprozess hat laut Schmidt eine koordinative (*policy formulation*) und eine kommunikative Dimension (*political com-*

munication). Der koordinative Diskurs findet oft hauptsächlich innerhalb der Politikelite statt und ist der breiten Öffentlichkeit nicht zugänglich, während der kommunikative Diskurs die informierte Öffentlichkeit involviert (Schmidt 2006a).

5.2.3. Institutioneller Kontext

Der institutionelle Kontext ist in zweierlei Hinsicht wichtig: einerseits beeinflussen bestehende Institutionen[2] was gesagt (und damit auch getan) werden kann (Hajer 1995; Fischer 2003; Schmidt 2003), andererseits können neue Diskurse auch dazu beitragen, bestehende Institutionen zu verändern (Feindt/Oels 2005). Bestehende Institutionen bedürfen einer ständigen diskursiven Reproduktion um die Kontinuität ihrer Bedeutung zu garantieren (Hajer 1995). Institutionen und deren Reproduktion kann unterminiert werden wenn Probleme in der dominanten story line auftauchen und neue story lines entstehen: „[f]inding or reconstructing the appropriate storyline becomes a central form of agency for the political actor" (Fischer 2003: 88).

Diskursanalyse analysiert diese Prozesse und kann damit als Brücke zwischen institutionen- und akteurszentrierten Ansätzen fungieren (Schmidt/Radaelli 2004; Feindt/Oels 2005; Hajer/Laws 2006). Institutionen werden als Strukturen verstanden die Politikprozesse beeinflussen und die „by considering state and societal structures in terms of their levels of concentration or fragmentation" (Schmidt 2006a: 224) konzeptualisiert werden können. Schmidt argumentiert, dass in verschiedenen politischen Systemen jeweils entweder der koordinative Diskurs (in *compound polities*) oder der kommunikative Diskurs (in *simple polities*) stärker ausgeprägt ist. Die verschiedenen Orte an dem Diskurs dann hauptsächlich stattfindet hat damit Einfluss auf die beteiligten Akteure und damit letztendlich auf den Inhalt des Diskurses. Insofern spielt der institutionelle Kontext eine wichtige Rolle.

5.2.4. Zusammenfassung

Abbildung 5.1 fasst den Analyserahmen meiner Arbeit zusammen. Story lines werden als zentrale Narrative analysiert (1.), die in einem interaktiven Prozess der Politikfindung und Kommunikation (2.) von Akteuren genutzt werden um Politik- und institutionellen Wandel zu erreichen. Nur wenn sich der Wandel in veränderten Praktiken widerspiegel (4.)

---

2 Ich verwende hier eine sehr breite soziologische Definition, in der Institutionen als existierende Normen und Regeln verstanden werden.

kann man von einem dominanten Einfluss einer neuen story line sprechen. Diese Prozesse spielen sich innerhalb eines institutionellen Kontextes ab, der einerseits auf Diskurse einwirkt, gleichzeitig aber auch durch Diskurse verändert werden kann (3.).

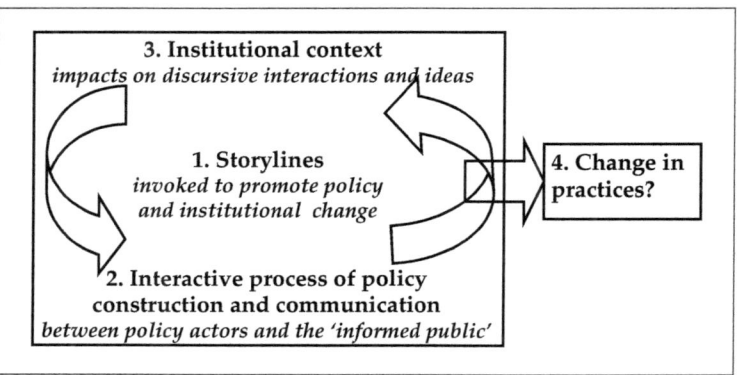

Abbildung 5.1.: Diskurs als interaktiver Prozess von Policy Design und Kommunikation basierend auf story lines (Eigene Darstellung basierend auf Schmidt 2003: 134 und Hajer 1995)

5.2.5. Methode

Wie kann man den Einfluss von Diskursen messen? Diskurs ist eine schwierige Variable, da Ideen schwer von den sie unterstützenden Interessen, von den institutionellen Interaktionen, die ihre Äußerung beinflussen oder kulturellen Normen, die Ideen formen, zu trennen sind. Diskurse allein können daher nicht *der* Grund, aber ein Grund für Politikwandel sein:

> „it may enable public actors to reconceptualise interests rather than reflect them, to chart new institutional path instead of simply following old ones, and to reframe cultural norms rather than only reify them" (Schmidt 2003: 129).

Wie oben erwähnt gibt es normalerweise mehrere Diskurse in einem Politikfeld, die um politischen Einfluss ringen. Dem Vorschlag Hajers (1995: 60-61) folgend wird der Einfluss von Diskursen durch die Analyse von zwei Kriterien theoretisiert und gemessen:

1. Wird ein bestimmter Diskurs von vielen Akteuren in einem Politikfeld benutzt um die Welt zu konzeptualisieren (*discourse struc-*

turation)? Hajer definierte: „We will speak of the condition of discourse structuration if the credibility of actors in a given domain requires them to draw on the ideas, concepts, and categories of a given discourse" (Hajer 1995: 60).

2. Hat sich der Diskurs in neuen Institutionen und organisationellen Praktiken niedergeschlagen (*discourse institutionalization*)? Die Institutionalisierung eines Diskurses erfolgt wenn er sich in bestimmten institutionellen Arrangements und Politiken niederschlägt (Hajer 1995: 61).

Hajer argumentiert, dass ein spezifischer Diskurs dominant ist wenn beide Kriterien erfüllt sind. Im vorliegenden Beitrag wird untersucht, inwiefern die ‚developing low carbon technology' story line innerhalb der Regierung, aber auch bei anderen Stakeholdern dominant wurde und damit zur Gründung des Carbon Trusts führte und inwiefern die beteiligten Akteure die story line verinnerlicht haben und diese auf die Organisationsroutinen einwirkt. Nur in diesem Fall kann man schlußfolgern, daß die story line dominant ist und zu einem Wandel in Politik und Institutionen geführt hat.

Die Fallstudie basiert auf der Auswertung von 26 Interviews mit Managern des Carbon Trusts, Firmen, Umweltorganisationen, Wissenschaftlern und Mitarbeitern der betreffenden Ministerien. Die Interviews wurden vorbereitet und ergänzt durch die systematische Analyse von Dokumenten und Sekundärliteratur.

5.3. Der Carbon Trust in Großbritannien

Der britische Carbon Trust dient als empirische Fallstudie des Beitrags. Diese Organisation wurde 2001 von der britischen Regierung ins Leben gerufen, um Firmen und öffentlichen Einrichtugen zu helfen, ihre Emissionen zu reduzieren und die Entwicklung von emissionsarmen Technologien zu unterstützen (Carbon Trust 2007a). Tony Blair sagte in seiner Ankündigung dieser Initiative: „The Carbon Trust will take the lead on low carbon technology and innovation in this country and put Britain in the lead internationally" (Carbon Trust 2003a: 44).

Im Zentrum meiner Analyse steht die Legitimierung dieser Politikinitiative durch Diskurs und welchen Einfluss dieser Diskurs auf die Art und Weise der Technologieförderung durch den Carbon Trust hat. Dem oben beschriebenen Analyseansatz folgend, werde ich jeweils kurz auf die zentrale story line, den Interaktionsprozess der Politikformulierung und die Implementierung des Carbon Trusts sowie den institutionellen

Kontext eingehen und abschließend nach den sich ergebenden Praktiken fragen.

5.3.1. Die ‚developing low carbon technology' story line

Schmidt (2006a) argumentiert, daß ein Diskurs sowohl normativ als auch kognitiv überzeugend sein muss um erfolgreich zu sein. Im Folgenden werden daher die zentralen kognitiven und normativen Ideen der story line zusammengefasst. Das Klimaschutzprogramme von 2000 enthielt die Besteuerung von Energie (Elektrizität, Gas) für Firmen durch den *climate change levy* (CCL) um den Ausstoß von Klimagasen zu verringern (DETR 2000). Diese Idee folgte dem Marshall Bericht, der argumentiert hatte, daß ökonomische Instrumente der kosteneffizienteste Weg sei Emissionen zu reduzieren (Dresner u. a. 2006). Laut Schmidt ist es nicht so sehr die Frage, ob solche Ideen der „Wahrheit" entsprechen, sondern die kognitive Interpretation der „Fakten" und die Relevanz und die Anwendbarkeit der Ideen sind wichtig, um einen Diskurs überzeugend zu machen (Schmidt 2006a: 251).

Die Einführung des CCL war mit dem Versprechen verbunden, aufkommensneutral zu sein, d. h. die Einnahmen sollten verwendet werden, um Firmen zu entlasten. Dies sollte geschehen, indem sie kurzfristig Hilfe erhielten, um Energie (und damit Steuern) zu sparen, aber auch langfristig angelegte Hilfe erhielten, um neue emissionsarme Technologien zu entwickeln. Einer „Logik der Notwendigkeit" folgend argumentiert diese story line, daß staatliche Unterstützung notwendig ist um beide Ziele zu erreichen, da Firmen allein überfordert wären und ansonsten durch die Besteuerung an internationaler Wettbewerbsfähigkeit verlieren würden und ein Marktversagen bei der Entwicklung von emissionsarmen Technologien vorliege. Die Förderung von neuen Technologien sollte alle Stufen von Forschung und Entwicklung bis zur Marktreife erfassen und dabei nicht nur dem Klima helfen, sondern auch neue Wirtschaftssektoren entstehen lassen.

Um normativ überzeugend zu sein und die Angemessenheit einer Politikidee zu demonstrieren, muss eine story line an bestehende oder neu entstehende Normen und Werte appellieren (Schmidt 2006a: 252). Die Ausführung der Technologieförderung sollte nicht durch eine staatliches Organ erfolgen, sondern durch einen neu zu gründenden Trust. Die story line appelierte damit an bestehende Normen wie „schlanker Staat", die Trennung von Politikformulierung und Ausführung („„dedicated, efficient delivery body") und die Vermeidung von direkter staatlicher Unterstützung bestimmter Technologien („„picking winners"). Gleichzeitig aber betreibt die Regierung indirekt eine zielgerichtete Technologiepolitik, die aber „outgesourced" und daher weniger kontrovers ist. Ein wichtiges Element der story line war daher, daß der Carbon Trust business-led sein soll.

5.3.2. Die interaktiven Prozesse der Politikformulierung und -kommunikation

Am koordinativen Diskurs der Politikformulierung waren insbesondere zwei Ministerien (Umwelt, DEFRA und Wirtschaft, DTI) und das Advisory Council for Business and the Environment (ACBE) beteiligt. ACBE propagierte maßgeblich Kernideen der story line und war in Zusammenarbeit mit den Ministerien zentral am Design und der Gründung des Carbon Trusts beteiligt. Die Ressortabstimmung zwischen DEFRA und DTI im Politikformulierungsprozess war problematisch und der Diskurs vom Carbon Trust als „leader in low carbon technology and innovation" bedrohte die Position des DTIs, welches für Technologie- und Innovationspolitik zuständig ist, während DEFRA für Energieeffizienz und das Klimaprogramm federführend war. Obwohl die Initiative maßgeblich von DEFRA und ACBE ausging, einigte man sich auf einen Formalkompromiss nach dem der Carbon Trust eine gemeinsame Initiative von DEFRA und DTI war, aber DEFRA die Kosten übernahm.

Politikideen müssen in Demokratien aber auch öffentlich verhandelt und legitimiert werden. Dies beinhaltet politische Kommunikation mit der informierten Öffentlichkeit über Politikprobleme und deren angedachte Lösungen. Dazu gehören Politiker, Regierungsprecher, Kampagnenmanager, Parteiaktivisten, Bürger, Experten und die Medien, die die im koordinativen Diskurs entwickelten Ideen mit der Öffentlichkeit kommunizieren. Ideen werden dabei nicht als „Einbahnstraße" kommuniziert, sondern in diesem Prozeß diskutiert, verhandelt und möglicherweise verändert (Schmidt 2006a: 254-255). Die Debatte um den Carbon Trust fand zu einem frühen Zeitpunkt auch öffentlich durch die Medien statt, wie erste Zeitungsartikel aus dem Jahr 1998 zeigen. Die Times berichtet im November 1998 erstmalig wie Lord Marshall für „Carbon Trusts to promote low-carbon technologies" warb. Die überwiegende Mehrheit der Artikel äußerte sich positiv über die neue Politikidee. Parlamentarier waren in den Prozess durch verschiedene Sitzungen des Select Committee on Trade and Industry und des Select Committee on Environmental Audit, in denen die Idee eines Carbon Trusts diskutiert wurde, eingebunden. Einzelne Parlamentarier nutzten aktuelle Fragestunden, um das Thema Carbon Trust zu diskutieren, in denen die Regierung auf teilweise kritische Fragen immer wieder mit Kernargumenten des Diskurses antwortete. Interessengruppen beteiligen sich an entsprechenden Konsultationen der Regierung und unterstützten weitgehend die story line.

5.3.3. Institutioneller Kontext

Großbritannien wird von Schmidt als *concentrated unitary state* mit *fragmented societal structures* eingeordnet: „here the state generally formulates policy alone, without interest involvement, but implements policy flexibly through accommodation with interests" (Schmidt 2006a: 225). Es war daher zu erwarten, daß die kommunikative Seite des Diskurs besser ausgeprägt ist, als die koordinative. Empirische Befunde scheinen dies nicht zu unterstützen: am Politikformulierungsprozess waren Interessengruppen maßgeblich beteiligt (insbesondere ACBE) und die Politikkommunikation mit der informierten Öffentlichkeit war eher begrenzt, oberflächlich und schien den Diskurs kaum zu beeinflussen.

Ein wichtiger Teil des institutionellen Kontextes sind nicht nur formale Institutionen, sondern auch herrschende Normen im Sinne von politischen Paradigmen (Hall 1993). Mitchell kritisierte, dass in Großbritannien herrschende politisch-ökonomisches Paradigma als unvereinbar mit nachhaltiger Entwicklung und der erfolgreichen Förderung von erneuerbaren Energien (Mitchell 2008). Das sogennante *regulatory state paradigm* beinhaltet, dass die Regierung es weitestgehand dem Markt überlässt, auf die Herausforderungen des Klimawandels zu reagieren und erneuerbare Technologien zu entwickeln und daher nur eine generelle Richtung der Entwicklung vorgibt (z. B. im Sinne von Emissionszielen) und gegebenenfalls auf auftretende Marktversagen reagiert. Auch diese „Korrekturen" soll möglichst durch Marktinstrumente, die Wettbewerb fördern, erfolgen und technologie-neutral sein. Die ‚developing low carbon technologies' storyline kann als teilweise Abkehr von diesem Paradigma interpretiert werden.

Auch EU Regeln haben einen Einfluss auf die Möglichkeiten des Carbon Trusts. In der Gründungsphase war es insbesondere wichtig zu Klären, wie der Carbon Trust gestaltet werden kann, um die EU Regeln zu Staatsbeihilfen zu erfüllen. Diese Regeln sind ein wichtiger Bestandteil des institutionellen Kontextes des Carbon Trust. Andererseits ist ein solcher Kontext auch nicht statisch wie die jüngste Revision der „Leitlinien der Gemeinschaft für staatliche Umweltbeihilfen" im Januar 2008 (2008/C 82/01) im Zusammenhang mit den ehrgeizigen EU Zielen im Klimaschutz und bei erneuerbaren Energien zeigt. Ein andere wichtiger, sich verändernder institutioneller Kontext ist das Erstarken von Wales, Schottland und Nordirland mit eigenen Politiken zur Unterstützung von erneuerbaren Technologien. Insbesondere Schottland sieht sich als internationaler Vorreiter bei Gezeiten- und Wellenkraftwerken, hat ein enormes Potential in diesem Bereich und betreibt daher zielgerichtete Industriepolitik: „The ambition is that Scotland wants to become to marine energy what Denmark is to wind power'" (Winskel 2007). Im Zuge dieser Entwicklungen und auch aufgrund der wirtschaftliche Krise ist inzwischen auch die britische Regierung offener für Industriepolitik und hat kürzliche eine Konsultation für eine ‚low carbon industrial strategy' veröffentlicht (DBERR and DECC 2009).

5.3.4. Änderung von Praktiken?

Die ‚developing low carbon technology' storyline führte zu einer neuen Politikinitiative: der Gründung des Carbon Trust und seine Praktiken richten sich teilweise entsprechend der dominanten story line aus. Der Carbon Trust wurde 2001 als *company limited by guarantee* von der britischen Regierung ins Leben gerufen. Seitdem hat der Carbon Trust ein Portfolio von Instrumenten entwickelt um Emissionen von Firmen und öffentlichen Einrichtungen zu senken und neue Technologien zu entwickeln. Für kleine und mittlere Unternehmen werden kostenfreie Darlehen und Steuererleichterungen zur Beschaffung von energieeffizienten Technologien angeboten. Für grössere Firmen werden kostenlose Energieaudits und Energiemanagement-Tipps bereitgestellt. Der Carbon Trust finanziert ausserdem angewandte Forschungsprojekte, sog. Technologiebeschleuniger-Projekte um Technologien wirtschaftlicher zu machen, berät Start-up Firmen, investiert direkt in neue vielversprechende Firmen oder trägt Kapital zu Firmenneugründungen bei. Das Selbstverständnis des Carbon Trusts ist sehr von der ‚low carbon technology development' story line geprägt: das Augenmerk der Angebote liegt darauf, emissionsarme Technologien wettbewerbsfähig zu machen und damit das Marktversagen in diesem Bereich zu korrigieren. Der Carbon Trust veröffentlicht ausserdem Politikempfehlungen für die Regierung. Ein Bericht des UK National Audit Office stellt fest:

> „In 2006-07, the advice and financial support for measures to reduce carbon dioxide provided by the Carbon Trust resulted in an estimated reduction in carbon dioxide emissions by its customers of between 1.2 million and 2.0 million tones. [...] In addition the Carbon Trust estimates that its work supporting the development of low carbon technology up to March 2007 could lead to an annual reduction of between 13.7 million and 20.7 million tonnes of carbon dioxide by 2050." (NAO 2007: 5)

Der Bericht konstatiert ausserdem, dass der Carbon Trust die Erwartungen der Regierung voll erfüllt hat und somit als kosteneffizienter Weg angesehen wird, Energieeffizienz und emissionsarme Technologien zu fördern:

> „On the basis of its estimated impact, it has secured a reduction in carbon dioxide emissions from businesses and the public sector which indicates it is likely to meet the expectation set out by the Department for Environment, Food and Rural Affairs in the Climate Change Programme 2006 that its actions will result in an annual reduction of 4.4 million tonnes of carbon dioxide emissions by 2010 on levels in 1990. In financial terms the reduction in carbon dioxide emissions it achieved in 2006-07 has generated projected savings of over twice the amount of the costs incurred. The Carbon Trust' s support to commercialise emerging low carbon technologies could lead to further sizeable carbon dioxide emissions reductions in the future. While it remains very early to estimate the actual impact of these emerging technologies, the Carbon Trust's support of such enterprises has encouraged the private sector to invest £2 for every £1 it has committed to its Innovation Programme and £10 for every £1 committed to its venture capital investments. On this basis the Carbon Trust's advice to businesses has proved value for money and its Innovation Programme appears to be on course to do likewise." (NAO 2007b: 5)

Die Institutionalisierung der ‚developing low carbon technology' durch den Carbon Trust wird also als erfolgreich angesehen.

Es ist schwer zu beurteilen, inwiefern dieser Diskurs auch weitergehenden politischen Einfluss hat. Einzelne Anekdoten deuten auf einen beachtlichen Einfluss des Carbon Trust auf die Politikformulierung im Schnittfeld Energie-, Technologie-/Innovations- und Klimapolitik hin, indem viele Akteure die ‚developing low carbon technology' story line verwenden. Die ‚developing low carbon technology' story line, in Verbindung mit anderen Faktoren (insbesondere den Entwicklungen in Schottland und Forderungen einer aktiveren Technologiepolitik durch den Stern Bericht und die Internationale Energieagentur (Stern 2007; IEA 2007)), trug auch zu einem Umdenken der Regierung bei und machte eine aktivere Technologiepolitik möglich. Eine Reihe von Instrumenten und Organisationen wurde seitdem von der Regierung ins Leben gerufen (z. B. Environmental Transformation Fund, Energy Technologies Institute, Technology Strategy Board, Low Carbon Industrial Strategy). Hajers Kriterien von *discourse structuration* und *discourse institutionalization* scheinen damit erfüllt zu sein.

5.4. Fazit

Mein Beitrag versucht, eine neue Initiative in der britischen Technologiepolitik zu erklären und insbesondere zu analysieren, welche Rolle Diskurse in diesem Politikprozess gespielt haben. Der Beitrag zeigt, welche

Rolle Diskurse in der Technologiepolitik spielen: einerseits in der Legitimierung von neuen Politikinitiativen und andererseits in der Implementierung von Politikinitiativen, die von einem dominanten Diskurs geprägt werden. Eine institutionell fundierte Diskursanalyse, basierend auf Konzepten von Hajer und Schmidt, kann daher ein geeigneter Ansatz für die Analyse von gesellschaftlichen und politischen Einflüssen auf die Technikentwicklung sein.

Die Legitimierung des Carbon Trusts erfolgte durch einen Diskurs der einerseits gegen das bestehende Paradigma verstieß, indem er für eine gezielte *low carbon* Technologiepolitik warb, andererseits aber dafür plädierte diese Förderung von einem unabhängigen, wirtschaftszentrierten Akteur ausführen zu lassen und damit ein direkte staatliche Beeinflussung im Sinne von „picking winners" zu vermeiden. Einer Koalition von Regierungsbeamten und Wirtschaftsvertretern gelang es, einen sowohl kognitiv als auch normativ überzeugenden Diskurs zu schaffen, der zur Gründung des Carbon Trusts führte.

Der Beitrag zeigt, inwiefern der Diskurs, der diese Politikinnovation erst ermöglicht hat, gleichzeitig den Handlungsspielraum des Carbon Trusts begrenzt. Die untersuchte zentrale story line reduziert das Verständnis des Carbon Trusts was Innovation ist und welche Handlungsstrategien als erfolgreich angesehen werden. Innovation wird hauptsächlich als linearer Prozess von Forschung und Entwicklung, Demonstration und Diffusion gesehen und der Fokus liegt auf technischen Innovationen. Dies führt zu einer Implementierung des Auftrags des Carbon Trusts in einer Art und Weise, die besonderen Wert auf eine jährliche Reduzierung der Emissionen und Kosteneffizienz legt. Entscheidungen, welche Technologien unterstützt werden, werden basierend auf technischem Expertenwissen und Kriterien der Rentabilität getroffen, anstatt aufgrund politischer Debatten darüber, welche Technologien nachhaltig und politisch akzeptabel sind. Im Politikverständnis des Carbon Trusts wird Technologieförderung als politisch neutral gesehen und daher auch kein Wert auf eine breitere Beteiligung von gesellschaftlichen Akteuren gelegt. Andererseits hat der Carbon Trust gewissen Möglichkeiten emissionsarme Technologien zu fördern, die ein Ministerium nicht zur Verfügung hat (wie z. B. Direktinvestitionen in Technologien oder selbst Firmen zu gründen).

Während die Analyse die Legitimierung dieser neuen Politikinitiative durch *discursive struggles* plausibel macht, hat das vorgeschlagene Analyseraster Schwierigkeiten, die Implementierung der Initiative im Detail zu erklären. Unklar bleibt zum Beispiel warum der Carbon Trust direkt in Firmen investiert oder hift neue Firmen zu gründen. Der story line zufolge kann der Markt diese Funktionen übernehmen und zudem gehören beide Aktivitäten nicht zur ursprünglichen Aufgabe des Carbon Trusts („developing low carbon technologies and promote energy efficiency"). Eine Erklärung anhand von diskursiven Faktoren scheint hier zu kurz zu greifen. Andere Faktoren scheinen die Implementierung der story line zu beeinflussen, z. B. die Notwendigkeit des Carbon Trusts sich mit seinen Aktivitäten deutlich von anderen Akteuren zu unterscheiden (z. B. Energy Technologies Institute, Technology Strategy Board, Energy Saving Trust).

Die verwaltungswissenschaftliche Literatur kann interessante Einblicke in diese Prozesse ermöglichen. *Bureaucratic politics* kann als Wettbewerb zwischen verschiedenen Behörden gesehen werden. Behörden werden nicht als politisch neutrale Vollstrecker gesehen, sondern haben eigene Motive. Die zentrale Hypothese ist, dass Behörden mit anderen Akteuren konkurrieren und dieser Prozess mit Streben nach *aggrandizement* oder Autonomie erklärt werden können (Ellison 2006). Ich argumentiere, dass einige Details der Implementierung der ‚developing low carbon technologies' story line im Carbon Trust besser durch dieses Ansatz verstanden werden können. Direktinvestitionen in Firmen oder zu Firmengründungen wird vom Carbon Trust strategisch als Alleinstellungsmerkmal verwendet. Dieses Merkmal wird verwendet, um die Existenz des Carbon Trusts zu legitimieren und zusätzliche Mittel einzufordern und kann daher im Sinne einer *aggrandizement*-Motivation interpretiert werden. Die nähere Analyse von *bureaucractic politics* kann daher den verwendeten Analyseansatz im Falles des Carbon Trust sinnvoll ergänzen, um die Implementierung der Initiative im Detail zu erklären.

Literatur

Campbell, John L. (2001): Institutional Analysis and the Role of Ideas in Political Economy. In: Campbell, John L.; Pedersen, Ove K. (Hg.) The rise of neoliberalism and institutional analysis. Princeton/Oxford: Princeton University Press, S. 159-189.

Carbon Trust (2003a): Inducing Innovation for a low-carbon future: drivers, barriers and policies. London.

Carbon Trust (2007a): Making the low carbon economy a reality. What the Carbon Trust does. London.

DBERR und DECC (2009): Low Carbon Industrial Strategy: A Vision. Department for Business Enterprise and Regulatory Reform and Department of Energy and Climate Change. DETR (2000): Climate Change. The UK Programme. (abrufbar unter http://www.defra.gov.uk/environment/climatechange/uk/ukccp/2000/index.htm)

Dresner, Simon; Jackson, Tim; Gilbert, Nigel (2006): History and social responses to environmental tax reform in the United Kingdom. In: Energy Policy, Jg. 34, H. 8, S. 930-939.

Ellison, Brian A. (2006): Bureaucratic Politics as Agency Competition: A Comparative Perspective. In: International Journal of Public Administration, Jg. 29, H. 13, S. 1259-1283.

Feindt, Peter H.; Oels, Angela (2005): Does discourse matter? Discourse analysis in environmental policy making. In: Journal of Environmental Policy & Planning, Jg. 7, H. 3, S. 161-173.

Fischer, Frank (2003): Reframing Public Policy. Discursive Politics and Deliberative Practices. Oxford/New York: Oxford University Press.

Hajer, Maarten A. (1995): The Politics of Environmental Discourse: Ecological Modernization and the Policy Process. Oxford: Clarendon Press.

Hajer, Maarten A.; Laws, David (2006): Ordering through Discourse. In: Moran, Michael; Rein, Martin; Goodin, Robin E. (Hg.): The Oxford Handbook of Public Policy. New York: Oxford University Press, S. 251-268.

Hajer, Maarten A.; Versteeg, Wytske (2005): A decade of discourse analysis of environmental politics: Achievements, challenges, perspectives. Journal of Environmental Policy & Planning, Jg. 7, H. 3, S. 175-184.

Hall, Peter A. (1993): Policy Paradigms, Social Learning, and the State: The Case of Economic Policymaking in Britain. In: Comparative Politics, Jg. 25, H. 3, S. 275-296.

Hay, Colin (2001): The 'Crisis' of Keynesianism and the Rise of Neoliberalism in Britain: An Ideational Institutionalist Approach. In: Campbell, John L.; Pedersen, Ove K. (Hg.): The Rise of Neoliberalism and Institutional Analysis. Princeton/Oxford: Princeton University Press, S. 193-218.

Hill, Michael (2005): The Public Policy Process. Harlow: Pearson Education Ltd.

Howlett, Michael; Ramesh, M. (2003). Studying Public Policy: Policy Cycles und Policy Subsystems. Toronto/New York/Oxford: Oxford University Press.

John, Peter (2003): Is There Life After Policy Streams, Advocacy Coalitions, and Punctuations: Using Evolutionary Theory to Explain Policy Change? In: The Policy Studies Journal, Jg. 31, H. 4, S. 481-498.

Mitchell, Catherine (2008): The Political Economy of Sustainable Energy. Basingstoke: Palgrave Macmillan.

NAO (2007): The Carbon Trust: accelerating the move to a low carbon economy. London: National Audit Office.

Nullmeier, Frank (2006): The cognitive turn in public policy analysis. GFORS Working Paper No. 4. (abrufbar unter http://g-fors.eu/fileadmin/download/papers/The_cognitive_turn_in_public_policy_analysis-end.pdf.)

Radaelli, Claudio M.; Schmidt, Vivien A. (2005): Conclusions. In: Radaelli, Claudio M.; Schmidt, Vivien A. (Hg.): Policy change and discourse in Europe. London, Routledge, S. 182-197.

Schmidt, Vivien A. (2001): The politics of economic adjustment in France and Britain: when does discourse matter? In: Journal of European Public Policy, Jg. 8, H. 2, S. 247-264.

Schmidt, Vivien A. (2003): How, Where and When does Discourse Matter in Small States' Welfare State Adjustment? In: New Political Economy, Jg. 8, H. 1, S. 127-146.

Schmidt, Vivien A. (2006a): Democracy in Europe: The EU and National Polities. Oxford: Oxford University Press.

Schmidt, Vivien A. (2006b): Institutionalism and the State. In: Hay, Colin; Marsh, David; Lister, Michael (Hg.): The State: Theories and Issues. Basingstoke: Palgrave.

Schmidt, Vivien A. (2007): Trapped by their ideas: French élites' discourses of European integration and globalization. In: Journal of European Public Policy, Jg. 14, H. 7, S. 992-1009.

Schmidt, Vivien A. (2008): Discursive Institutionalism: The Explanatory Power of Ideas and Discourse. In: Annual Review of Political Science, Jg. 11, H. 1, S. 303-326.

Schmidt, Vivien A.; Radaelli, Claudio M. (2004): Policy Change and Discourse in Europe: Conceptual and Methodological Issues. In: West European Politics, Jg. 27, H. 2, S. 183-210.

Winskel, Mark (2007): Multi-Level Governance and Energy Policy: Renewable Energy in Scotland. In: Murphy, Joseph (Hg.): Governing Technoloy for Sustainability. London: Earthscan, S. 182-199.

6. Politikinnovation in der Innovationspolitik? Internationale Innovations- und Wissenschaftspolitik in Schwellenländern

Britta Rennkamp

Woher wissen staatliche Akteure was sie wollen? Wann gibt es aus Sicht der Regierung Anlass zur staatlichen Intervention? Unter welchen Bedingungen entstehen innovative Politikmodelle? Wann und warum werden bestehende Politikmodelle von außen übernommen? Diese Fragen stellen sich vor allem, wenn es um neue Politikfelder geht. Wann nimmt der Staat Handlungsbedarf als solchen wahr? Welche Rolle spielen dabei externe und interne Faktoren?

Eine Regierung handelt immer im Kontext nationaler und internationaler Einflussfaktoren. Staaten sind in ein dichtes Netzwerk internationaler Beziehungen eingebunden, das ihre Wahrnehmung von der Welt und ihrer eigenen Rolle in diesen Strukturen bestimmt (Finnemore 1996). Wie die internationalen Akteuren im Verhältnis mit Nationalstaaten stehen und wiederum nationale Politiken prägen, ist von Fall zu Fall unterschiedlich. Schwellen- und Entwicklungsländer sind externen Einflüssen noch stärker ausgesetzt (Bastos/Cooper 1995).

Die Frage wie wirtschaftliches Wachstum und soziale Entwicklung zusammenhängen und welche Wirtschafts- und Sozialpolitiken Armut reduzieren, beschäftigt Politik und Wissenschaft vor allem in den Schwellen- und Entwicklungsländern und den internationalen Geberorganisationen. In den vergangenen zehn- bis fünfzehn Jahren wuchs die Aufmerksamkeit gegenüber der Bedeutung von technologischer Innovation für wirtschaftliches Wachstum. Während Innovationspolitiken sowie Industriepolitiken unter dem Washington Konsens tabuisiert wurden, hat sich im Laufe der 90er Jahren eine sozialwissenschaftliche Forschungsrichtung etabliert, die u. a. die Rolle staatlicher Institutionen als Determinanten des Innovationsprozesses anerkennt. Eine Errungenschaft in diesem Forschungsfeld ist das Konzept des Nationalen Innovationssystems. Dieser Ansatz geht auf die Friedrich Lists Idee des *Natio-*

nalen Systems Politischer Ökonomie zurück (List 1841). In den 90er Jahren erlebte das Listsche Denken eine Renaissance in Sussex University, als Christopher Freeman die Grundlage für den Ansatz Nationaler Innovationssysteme (NIS) konzipierte, um die industrielle Entwicklung Japans zu erklären. Innovation systemisch zu verstehen – als ein interaktiver Prozess zwischen Unternehmen, politischen Institutionen und Akteuren aus der Wissenschaft – gab Anlass für neue Forschung bezüglich der Determinanten von Innovation und ihrer Auswirkungen.

Das Konzept wurde vorwiegend über die OECD im außerwissenschaftlichen Kontext bekannt. Da die OECD mittlerweile eine Funktion als globaler Think Tank für Fragen wissenschaftlicher, technologischer und auch innovationsbasierter Entwicklung einnimmt, ist die internationale Organisation eine Quelle für Politikmodelle und -austausch sowie ein Forum für Lernprozesse. Mittlerweile ist dieser Ansatz als Modell für Innovationspolitiken in den Industrieländern, aber auch in vielen Schwellenländern fest in den staatlichen Förderstrategien verankert. Allerdings ist noch offen, inwiefern die innovationspolitischen Maßnahmen tatsächlich systemisch ausgerichtet sind und das Konzept normative Funktionen übernimmt. Unklar ist weiterhin, inwiefern der Ansatz der NIS ein geeigneter Rahmen für die Realitäten in Entwicklungsländern ist.

Vor diesem Hintergrund stellt dieser Aufsatz Forschungsfragen und ein Analysekonzept zur Interaktion nationalstaatlicher Politiken und Internationaler Institutionen zur Diskussion, die im Rahmen einer Dissertation bearbeitet werden sollen. Die Arbeit hat das Ziel, zu untersuchen, unter welchen Bedingungen Regierungen in Schwellen- und Entwicklungsländern eigene Politikinnovationen hervorbringen und wann und warum sie externe Politikmodelle aus anderen Ländern oder von Internationalen Organisationen übernehmen. Diese Fragen werden am Politikfeld Wissenschaft und Innovation untersucht, da dies ein relativ neues Politikfeld in den Schwellen- und Entwicklungsländern ist.

Dieser Artikel stellt die Forschungsfragen und empirische Beobachtungen in den Kontext bestehender politik- und innovationswissenschaftlicher Literatur. Das Forschungsvorhaben wurde in Form eines Exposés bei der Nachwuchstagung im Oktober 2008 in Berlin vorgestellt, auf dessen Grundlage dieser Artikel entstanden ist. Er gliedert sich in vier Abschnitte. Der erste Teil erklärt das Phänomen Innovationspolitiken in Schwellen- und Entwicklungsländern als empirischen Hintergrund. Im zweiten Teil werden die Forschungsfragen in die vorhandene Literatur eingeordnet und im dritten Teil ein theoretisches Analysemodell entworfen. Der vierte Teil stellt das Forschungsdesign und Fallauswahl vor.

6.1. Hintergrund: Innovationspolitik und Entwicklung

Die Frage nach der Rolle des Staats für wirtschaftliche Entwicklung ist nicht neu. Adam Smith und Friederich List haben im 19. Jahrhundert bereits grundlegende Theorien entwickelte, um das Phänomen anhand der Entwicklungspfade Großbritanniens und Deutschlands zu erklären. Beide Theoretiker werden nach wie vor auch in der aktuellen Literatur gegenübergestellt da sie sich grundlegend in ihrer Auffassung zur Rolle des Staates unterscheiden (List 1841; Smith 1957). Die Frage warum manche Staaten reicher sind als andere beschäftigt die Forschung bereits seit dem 19. Jahrhundert. Ha- Joon Chang zeigt in seiner historischen Analyse der industriellen Entwicklung europäischer Mächte, dass die heutigen Industriestaaten durch unfairen Handel, Subventionen und Protektionismus reich geworden sind. Praxen, die der heutigen Rahmen der Welthandelsorganisation verbietet (Chang 2002).

Die industriellen Entwicklungspfade Japans, Südkoreas, Taiwans und Singapurs haben die Idee des minimalen Staates als Rezept zu wirtschaftlicher Entwicklung widerlegt und den Stellenwert industriepolitischer Interventionen bekräftigt.

In Reaktion auf den Washington Konsens haben in den 90er Jahren die Arbeiten Josef Schumpeters und Friederich Lists wieder stärkeren Aufwind in Wissenschaft und politische Praxis gefunden. Allerdings ist jeder Philosoph auch ein Spiegel seiner Zeit. Die Realität für industriepolitische Interventionen hat sich für Schwellen- und Entwicklungsländer, die sich im wirtschaftlichen und technologischen Aufholprozess befinden, stark verändert. Seit dem zweiten Weltkrieg ist ein engmaschiges, wenn auch fragmentiertes Netzwerk an internationalen Institutionen entstanden, dass explizit und implizit die globale Wirtschafts- und Wissenschaftsordnung koordiniert. Internationale Abkommen und Organisationen sind vorwiegend von den Regierungen der Industriestaaten initiiert und finanziert. Schwellen- und Entwicklungsländer konfrontieren somit eine andere Situation für wirtschaftliche und industrielle Entwicklung als die Industrieländer zu ihrer Zeit. Dennoch basiert ein Großteil der Forschung und der daraus entstehenden Politikempfehlungen auf den Erfahrungen der Industrieländer. Diese delegieren Aufgaben an internationale Akteure, wie die OECD, Weltbank und zahlreiche Einrichtungen der Vereinten Nationen, um Politikmodelle und „Rezepte" zu entwerfen, die Regierungen als Grundlage für die Konzeption von Politiken dienen sollen. Die internationalen Akteure im Bereich Wissenschaft, Technologie, Innovation und Entwicklung sind wiederum von unterschiedlichen akademischen Denkrichtungen in ihrer Ausrichtung beeinflusst.

Internationale Organisationen	Internationale Regime	Club Governance	Globale Fonds	Regionale Integration	Globale Forschungs-netzwerke	Inter-regionale Kooperation
UNESCO UNCTAD UNSTD	WTO-TRIPS	G8/O5 Carnegie Group	UNFSCTD	EU-7. FP ERA	ICSU	IBSA Trilateral Comm. for S&T
WIPO		OECD		AMCOST SAMCOST	UNU	
		Global Science Forum		NEPAD	IAC	G77 Consortium on STI
UNIDO	UN Conventions	Gleneagles Dialogue	GEF	ASEAN S&T Network	GRA	AKP Dialogue on IPR
ECOSOC WHO	UNCBD		GFATM		CGIAR	
IEA	UNFCC					
IPCC	UNCCD				HFSP	

Explizite WTI Politiken / **Implizite WTI Politiken**

Abbildung 6.1.: Elemente einer Global Governance-Architektur in Wissenschaft, Technologie und Innovation (Eigene Darstellung)

Es kann also davon ausgegangen werden, dass Entwicklungs- und Schwellenländer stark von äußeren Akteuren, sowie ideologischen und wirtschaftlichen Faktoren beeinflusst werden. Nähern sie sich nun einem neuen Politikfeld an, finden sie bereits einen breiten Instrumentenkasten und Erfahrungsschatz aus anderen Ländern. Vergleiche liegen in der Natur des Menschen und helfen, angemessene Lösungen zu finden. Politisches Lernen und Politiktransfer sind übliche Praxis.

Ein weiterer wesentlicher Unterschied sind die sozialen Realitäten in Schwellen- und Entwicklungsländern. Vor allem in Schwellenländern ist nicht der Mangel an öffentlichen Ressourcen ein Hemmnis, sondern die Umverteilung und Legitimation. Hohe Einkommensgefälle führen dazu, dass hoch qualifizierte Eliten einem Armutsheer gegenüber stehen. Gut ausgebildete technische Fachkräfte fehlen. Die Regierungen konfrontieren einen hohen Legitimationsdruck, wenn es darum geht, hochtechnologische Innovationen, vor allem durch Subventionen an Privatfirmen zu finanzieren. Inwiefern muss die sozialpolitische Agenda mit innovationspolitischer Förderung übereinkommen?

Ein drittes Problem, das sich Regierungen stellt, ist die selektive innovationspolitische Förderung. „Picking winners" ist eine häufig praktizierte und heftig kritisierte Vorgehensweise. Ostry und Nelson (1995) beschreiben es als Technonationalismus, der hohen Legitimationsdruck auf Regierungen ausübt. Warum bekommt ein bestimmtes Unternehmen mehr Förderung als ein anderes? Dennoch muss diese selektive Förderung nicht unbedingt negativ sein (Chang 2009), schließlich müssen Prioritäten gesetzt werden und eine bestimmte Masse an Förderung zusammenkommen, damit es überhaupt einen Effekt haben kann. Privatwirtschaftliche Unternehmen und Industrieverbände fordern gleichzeitig, ihrer Nachfrage entsprechend, innovationspolitische Maßnahmen von der Regierung ein.

Vor diesem Hintergrund stellen sich folgende Forschungsfragen: Welches sind die internen und externen Triebkräfte nationaler Innovationspolitiken? Unter welchen Bedingungen jedoch übernehmen Regierungen externe Politikmodelle? Warum entstehen neue Politikformen? Diese Fragen werden im folgenden Abschnitt vor dem Hintergrund des Forschungsstands und der bestehenden Literatur diskutiert und verortet.

6.2. Zum Stand der Literatur: Innovationssysteme, Internationale Institutionen und Politiktransfer

Welche Antworten wurden bisher auf diese Fragen in der vorhandenen Literatur gegeben und wo ist die Forschungslücke? Die Forschungsfrage baut auf die bestehende Forschung aus der Politikfeldanalyse vergleichender Politikwissenschaften, Internationalen Beziehungen und der sozialwissenschaftlichen Innovationsforschung auf.

In der sozialwissenschaftlichen Innovationsforschung hat sich der analytische Ansatz des Innovationssystems im Laufe der neunziger Jahre etabliert. In diesem recht jungen, interdisziplinären Forschungsfeld dominiert dieser Ansatz sowohl in der wissenschaftlichen Analyse von Innovationsprozessen und -politiken als auch in der Politikberatung. Die Neuheit dieses Ansatz war die Erkenntnis, dass Innovationsprozesses systemisch und nicht linear ablaufen. Das bedeutet, dass sie von den Interaktionen von Akteuren in Industrie, Wissenschaft und öffentlichen Forschungs- und Fördereinrichtungen bestimmt wird. Innovation ist demzufolge nicht mehr eine natürliche Folge von grundlagen- und angewandter Forschung, die automatisch ihren Weg auf die Märkte findet, wie es das lineare Denken annahm. Neu war ebenfalls, in diesem Prozess die Bedeutung staatlicher und öffentlicher Akteure in Wissenschaft und Politik herauszustellen und klarzustellen, dass der Lokus der Innovation, die Unternehmen und nicht die öffentlichen Forschungseinrichtungen und Universitäten sind. Die ursprünglichen Innovationssystemansätze fokussierten den nationalen Rahmen als Abgrenzungsmoment (Freeman 1987; Lundvall 1992; Nelson 1993). Sie nahmen zur Kenntnis, dass internationale Einflussfaktoren vorhanden sind, aber argumentierten in die Richtung des politikwissenschaftlichen Neorealismus, dass der Nationalstaat trotz allem der entscheidende Akteur ist.

Dieser Fokus auf den Nationalstaat wurde von neuen Systemansätzen, die sich auf Sektoren, Technologien und Regionen als Eingrenzung bezogen, erweitert (Breschi/Malerba 1997; Carlsson 1995; Cooke 1992). Ein Vorteil des Innovationssystemansatzes ist die Logik, andere Akteure außerhalb des Unternehmens mit einzubeziehen. Auch als Politikrahmen wurde es sehr beliebt bei den Regierungen, da es den Zuständigkeitsbereich der Wissenschafts- und Technologieministerien ausweitet, da auch makroökonomische, bildungs- und migrationspolitische Bereiche als Determinanten von Innovation aus dieser Perspektive gelten. Eine Schwäche des Ansatzes ist, dass er die Interaktionen und Machtbeziehungen der Akteure zwar anerkennt, aber nicht erklärt. Auch die Frage der Problemwahrnehmung von Unternehmen und Regierung für staatliche Intervention bleibt außer Acht. Der Innovationssystemansatz ist in diesem Sinne eher eine Heuristik als ein theoretisches Erklärungsmodell.

Das systemische Denken hat sich in den Politikwissenschaften bereits im Laufe der 50er und 60er Jahre etabliert, u. a. im Bezug auf Entwicklungsfragen (Almond/Coleman 1960). Dennoch tun sich auch politikwissenschaftliche Ansätze nach wie vor schwer, die Interaktionen zwischen nationalen und internationalen politischen Akteuren zu erklären (Stein 2008). Die Innovationsforschung lässt die Dimension internationaler Institutionen aus. Die internationale Dimension fokussiert in dieser Forschungsrichtung vor allem die internationalen Aktivitäten von Unternehmen. Die Mehrheit der Arbeiten mit internationalem Bezug betrachten multinationale Unternehmen, Globalisierung von FuE-Aktivitäten (Archibugi/Michie 1997; Archibugi/Pietrobelli 2003) und ausländischen Direktinvestitionen (Costa/Queiroz 2002).

Mytelka und Smith (2002) argumentieren, dass Innovationspolitik und Innovationsforschung parallel, in einem Prozess der ‚Ko-evolution' entstanden sind. In wechselseitigen Lernprozessen haben sich demzufolge Politik und Wissenschaft zu dem Erkenntnisstand und politischer Praxis entwickelt, die heutzutage das Politikfeld dominieren (Kuhlmann u. a. 2010 (forthcoming)). Internationale Organisation betrachten sie in diesem Kontext auch, und argumentieren, dass die „schwächeren" Institutionen wie die OECD, EU und ECLAC empfänglicher für die Ideen aus der evolutionären Innovationsforschung waren als die neoliberal geprägten und hierarchischeren Organisationen Weltbank und IWF. Durch flachere Hierarchien, so die Autoren, wurden in diesen Organisationen Nischen geschaffen, die andere Denkrichtungen erlaubten (Mytelka/Smith 2002).

Diese Argumentation weist den internationalen Institutionen eine eigene Akteursrolle zu, da sie entsprechend ihrer hierarchischen Ordnung für oder gegen intellektuelle Ansätze entscheiden. In den theoretischen Ansätzen aus der Literatur des Forschungsfeldes Internationaler Beziehungen wird hingegen aus realistischer Sicht davon ausgegangen, dass IO keine eigenständigen Akteure sind. Internationale Institutionen sind demnach ein sekundäres Phänomen, das kaum Macht und Interessen reflektiert. Sie haben keine unabhängige kausale Rolle und werden von den Interessen der mächtigen Staaten bestimmt. Sie sind ein „falsches Versprechen" da sie nur in „niederen" Politikbereichen (Low Politics) wie Gesundheit und Kommunikation gegründet werden, nicht aber in Sicherheit und Verteidigung (Mearsheimer 1994).

Die Unterscheidung zwischen *Low* und *High Politics* ist grundsätzlich problematisch, da Sicherheits- und Verteidigungspolitiken zwar für ehemalige Weltmächte wie USA und Russland an erster Stelle standen, aber mittlerweile Wirtschafts-, Finanz- und Entwicklungspolitiken die politischen Agenden in den Schwellenländern dominieren und angesichts der globalen Finanzkrise auch die globalen Institutionen herausfordern. Auch Gesundheits- und Umweltprobleme bergen hohe Kosten, die die ökonomische Entwicklung beeinträchtigen können. Nationale wirtschafts- und entwicklungspolitische Strategien stehen an erster Stelle in Schwellenländern wie Brasilien und Südafrika. Die momentane globale Wirtschaftskrise, aber auch vergangene Krisen in den neunziger Jahren verdeutlichen, dass diese entwicklungspolitischen Strategien in ihrem Erfolg von internationaler Koordination abhängen. Die Nachfrage nach internationalen Institutionen und Reformen der bestehenden Institutionsgefüge wächst.

Staaten unterscheiden sich in Macht und sie nutzen ihre Macht, um die internationalen Institutionen zu beeinflussen. Diese Macht ist jedoch zunehmend von wirtschaftlichen Faktoren bestimmt. Der Einfluss von Schwellenländern auf die internationalen Kooperationsmechanismen steigt mit deren wirtschaftlicher Macht. Die traditionellen Clubs öffnen sich den Schwellenländern und ihre Regierungen nehmen an den Foren der OECD und den Gipfeln der G8 teil, weil den Industrieländern langsam deutlich wurde, dass ihr derzeitiger wirtschaftlicher Wohlstand ohne die Kooperation mit den Schwellenländern nicht gesichert werden kann.

Die Perspektive des liberalen Institutionalismus geht gegenüber dem Realismus davon aus, dass es Möglichkeiten für Wandel und Verbesserung geben kann. Das zentrale liberale Argument baut auf der Annahme auf, dass Kooperation gegenseitige Vorteile bringen kann. Das realistische Argument des eigeninteressierten Akteurs wird übernommen, aber es wird davon ausgegangen dass die Akteure einen Nutzen aus Kooperationen und Institutionen ziehen (Stein 2008). Der Wandel in der internationalen Hierarchie von Macht und Reichtum wird aus liberalinstitutionalistischer Sicht auch der Leistung internationaler Institutionen zu geschrieben (ebd. 210). Demzufolge haben IO durchaus eine aktive Rolle und wirken steuernd auf das internationale System ein.

Martha Finnemore widerlegt aus konstruktivistischer Perspektive die Annahme, dass internationale Akteure keine eigene kausale Rolle haben in ihrem Buch „National Interests in International Society" (1996). Sie kritisiert, dass in der Außenpolitikforschung und vergleichenden Politikwissenschaft internationale Akteure in der Untersuchung für die Motivation außenpolitischen Handelns in eng angelegten Einzelfallstudien außer Acht gelassen werden. Sie argumentiert, dass Präferenzen für staatliches Handeln nicht nur aus dem Inneren entstehen, sondern auch von außen auferlegt oder inspiriert sein können. Sie schreibt internationalen Organisationen eine aktive Rolle als „Lehrer von Normen" zu (Finnemore 1993, 1996). Empirisch überprüft sie diese Annahmen quantitativ am Beispiel von UNESCO und der Entstehung von wissenschaftsbürokratischen Einrichtungen in Industrie- und Entwicklungsländern. Diese Untersuchung beschränkt sich allerdings hauptsächlich auf die klassischen In- und Outputindikatoren für wissenschaftliche Performanz und auf Existenz und Abwesenheit staatlicher Wissenschaftsorgane.

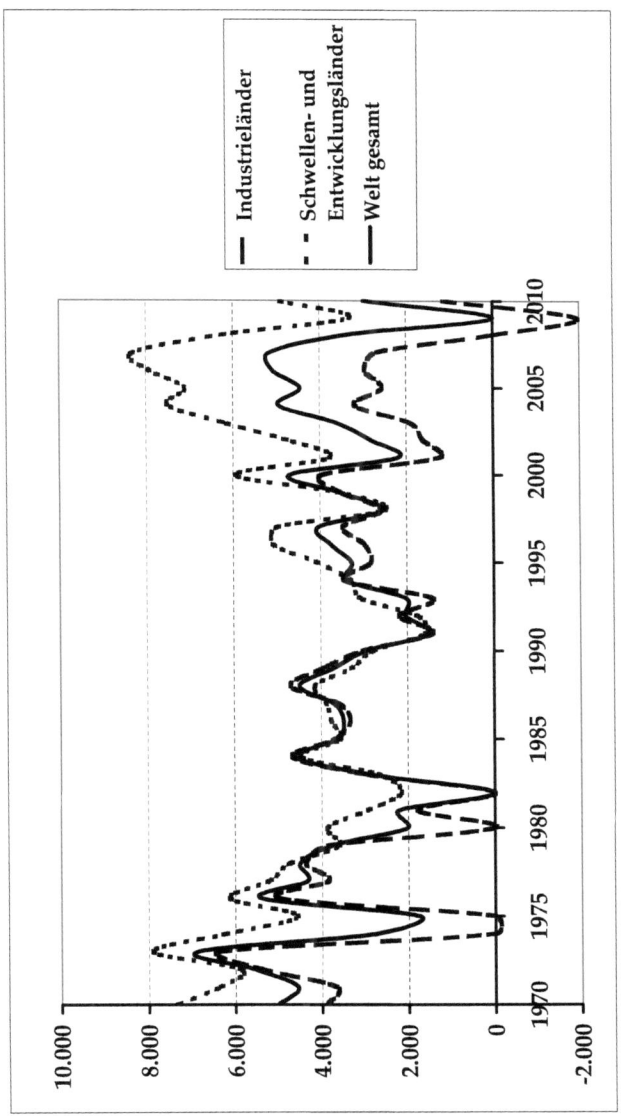

Abbildung 6.2.: Veränderung des BIP-Wachstums (in %) in Industrieländern, Schwellen- und Entwicklungsländern und weltweit (IWF Forecast http://www.imf.org/external/pubs/ft/weo/2009/update/01)

Unter welchen Bedingungen entsprechende wissenschaftspolitische Maßnahmen übernommen wurden, welche Rolle die externen Normen dafür hatten und bis zu welchem Grad die Politiken im Endeffekt umgesetzt wurden, bleibt allerdings offen.

Erklärungen für diese Fragen kommen aus der Politikfeldanalyse. Die Konzepte des Politiktransfers (Dolowitz/Marsh 2000; Evans 2004) und des politischen Lernens (Rose 2005) sind einige der wenigen governance-theoretischen Ansätze der Politikanalyse, die eine Brücke zum Nachbarfeld der Internationalen Beziehungen herstellen (Benz 2004). Dolowitz und Marsh (2000) haben ein umfassendes Modell zur Analyse von Politiktransfer erarbeitet, das neben den unterschiedlichen Formen des Politiktransfers auch die externen Quellen für Politikmodelle berücksichtigt. Das Dolowitz Marsh Modell dient als Grundlage zur Analyse des Politiktransfers.

6.3. Theorierahmen: Technonationalismus, Sozialpolitik und Internationalisierung

Innovationspolitik beinhaltet nach Lundvall und Borras über wissenschafts- und technologiepolitische Maßnahmen hinaus, Maßnahmen die aus Erfindungen und wissenschaftlichem Wissen Marktinnovationen fördern (Lundvall/Borras 2005).

Wissenschaftspolitik
Produktion wissenschaftlicher Erkenntnisse, Förderung öffentlicher Forschung

Technologiepolitik
Förderung und Kommerzialisierung sektoralem technologischen Wissens

Innovationspolitik
Förderung der innovativen Performanz der gesamten Volkswirtschaft, Anreize und Subvention zur Förderung von Marktinnovation

Abbildung 6.3.: Definition und Verhältnis von Wissenschafts-, Technologie- und Innovationspolitik (Lundvall/ Borrás 2005)

Demnach hat Wissenschaftspolitik die Aufgabe durch infrastrukturelle Maßnahmen wissenschaftlichen Output zu erzeugen. Technologiepolitik fokussiert vor allem sektorale Vorhaben. Darüber hinaus hat sich Innovationspolitik in den letzten Jahren verändert. Die Förderung von Innovation steht gegenüber der Regulierung stärker im Vordergrund (Mayntz 2009). Dies trifft vor allem in Kontext der Schwellen- und Entwicklungsländer zu.

Aufbauend auf bestehender Literatur wird an dieser Stelle argumentiert, dass Regierungen in Schwellen- und Entwicklungsländern sowohl von internen als auch externen Faktoren bei Prioritätensetzung, -formulierung, -auswahl der Instrumente, Implementierung und Evaluierung beeinflusst werden. Diese Faktoren lassen sich in drei Pole unterteilen: Technonationalismus, Soziale Agenda und Internationalisierung.

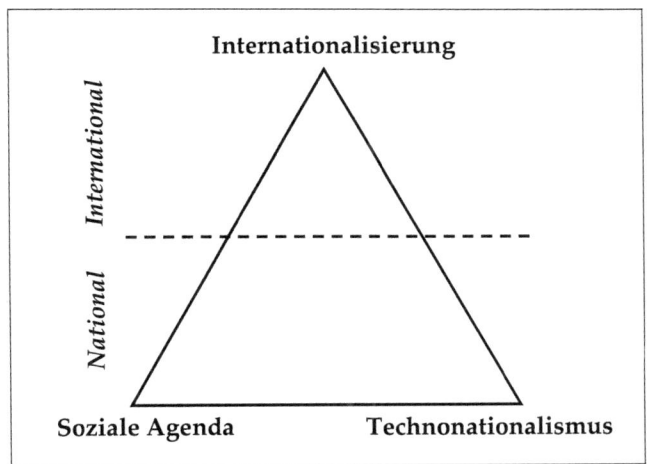

Abbildung 6.4.: Drei Zielpole staatlicher Wissenschafts-, Technologie- und Innovationspolitiken in Schwellenländern (Eigene Darstellung)

Technonationalismus: Unter Technonationalismus wird nach Ostry und Nelson (1995) die Förderung einzelner Unternehmen in selektiver Förderung verstanden. Regierungen wählen nationale Champions aus, indem sie bestimmte Unternehmen und damit bestimmte Technologien fördern. Diese Förderpolitik hat Transaktionskosten und schließt andere von den Benefits aus. Aus diesem Grund ist dieser Ansatz sowohl in den Industrie- als auch in den Schwellen- und Entwicklungsländern stark kritisiert worden. Der Legitimationsdruck auf die Regierung ist entsprechend hoch.

Die selektive Förderung bestimmter Unternehmen kann zwei Motivationsmomente haben. Einerseits kann der Staat ausgewählte Technologiefelder als prioritär ansehen und entsprechende Unternehmen, aber auch Förderagenturen mit Steueranreizen, Substitutionen und Forschungsförderung unterstützen. Das bekannteste Beispiel in der Technologiegeschichte für die strategische staatliche Förderung einer bestimmten Technologie ist das Manhattan Project, der Bau der Atombombe in den USA im zweiten Weltkrieg. Dieses Vorgehen ist staatsnachfrageorientiert.

Andererseits kann aber auch die Industrie bzw. der Privatsektor den Anstoß für innovationspolitische Maßnahmen geben. Indem Industrieverbände oder auch einzelne Unternehmen Druck auf die Regierung ausüben und bestimmte Förderungsmaßnahmen nachfragen, können innovationspolitische Strategien auch aufgrund der Industrienachfrage entstehen. Dies geschieht, wenn sich beispielsweise in einem bestimmten Sektor Industrie angesiedelt hat, aber keine öffentlichen Forschungsstrukturen vorhanden sind. Wenn die Unternehmen nicht in der Lage sind eigene Forschung zu betreiben oder nicht genügend Fachkräfte zur Verfügung stehen, wenden sie sich an den Staat. Diese innovationspolitische Förderung ist dann industrienachfrageorientiert.

Sozialpolitik: Das Thema soziale Entwicklung steht in den Schwellen- und Entwicklungsländern meist hoch auf den politischen Agenden. Da nach wie vor Menschen ohne Grundversorgung in Wasser, Elektrizität, Bildung und Gesundheit leben, führen Armut und Arbeitslosigkeit zu sozialer Instabilität. Die Grundlage zu Anwendung technologischer Innovation, sowie Zugang zu Informationstechnologie und medizinischer Versorgung sind ihnen verwehrt. Auch mangelt es nicht selten an ausreichender und ausgewogener Ernährung. Wissen und Innovation für Entwicklung ist ein Thema, dass nach wie vor nur gering beachtet wird. Bildungspolitik ist ein erster Schritt, aber auch Zugang und Nutzbarkeit vorhandener Technologien erfordern dringenden Handlungsbedarf.

Aufgrund der sozialen Problemlagen stehen die Regierungen unter hohem Druck, Maßnahmen für bessere Infrastruktur, Arbeit und Armutsbekämpfung zu ergreifen. Demnach stellt sich die Frage, wie dieser innenpolitische Druck mit der Förderung von Hochtechnologien und technologischer Aufholjagd in Einklang gehen kann.

Internationalisierung: Unter Internationalisierung lassen sich drei Motive zusammenfassen: Erstens, die ökonomische Internationalisierung und gesteigerter Wettbewerbsdruck. In den 90er Jahren öffneten in Folge des vorherrschenden neoliberalen Denkens viele Schwellen- und Entwicklungsländer ihre Volkswirtschaften und rückten von den Strategien der Importsubstitution ab. Die langjährige Binnenorientierung schirmte die einheimischen Unternehmen von internationalem Wettbewerbsdruck ab. Mit der Öffnung und Exportorientierung zeigte sich die geringe Wettbewerbsfähigkeit und führte zu Massenbankrott und Arbeitslosigkeit. Für die Regierungen wurde die Stärkung internationaler Wettbewerbsfähigkeit zu einer der Hauptprioritäten in der wirtschaftspolitischen Ausrichtung.

Zweitens, politische Internationalisierung: Da sich mehr internationale Akteure mit dem Zusammenhang von Wissenschaft, Technologie und Innovation mit ökonomischer Entwicklung auseinandersetzen, bringen sich auch die Regierungen in Schwellen- und Entwicklungsländern, wenn auch unterschiedlich stark, in die internationale Kooperation ein. Sie müssen sich mit mehr internationalen Akteuren auseinandersetzen, was auch eine Internationalisierung der nationalen Forschungspolitiken zur Folge hat. Vor allem die führenden Schwellenländer wie Brasilien, Indien, China und Südafrika erfuhren in den letzten Jahren eine deutlich gesteigerte Anfrage an internationalen Kooperationsvorhaben. Dies umfasst sowohl die bilaterale als auch die multilaterale Zusammenarbeit. Die traditionellen Industrielandorganisationen wie die OECD aber auch Clubs wie die G8 sind mit so genannten Outreach-Programmen auf die Länder zugegangen, um sie in ihre Gipfel und Kommitees mit einzubeziehen. Darüber hinaus gibt es verstärkte Süd-Süd-Kooperationen, die auch Wissenschafts- und Technologiekooperationen auf der Agenda haben. Dazu zählen das trilaterale IBSA-Forum sowie regionale Initiativen im Rahmen von Mercosur, NEPAD und APEC. Südafrika aber auch Indien, China und Brasilien positionieren sich stärker in der Zusammenarbeit mit afrikanischen Ländern und treten als neue Geber auf.

Drittens, nimmt damit auch die Internationalisierung der Forschungsaktivitäten zu: Forschung war zwar schon immer global, aber die Zusammenarbeit ist durch die Informations- und Kommunikationstechnologien einfacher geworden. In den Schwellenländern bildet sich zunehmend eine Wissenschaftsbasis heraus, die sich in internationale Forschungsnetzwerke und Publikationen einbindet.

Die Internationalisierung von Wirtschaft, Politik und Wissenschaft hat vor allem für die Schwellenländer eine große Bedeutung. Das wirtschaftliche Wachstum führt gleichzeitig zu einem Machtzuwachs im internationalen System. Diese Länder übernehmen zunehmend Führungspositionen in der Gruppe der Entwicklungsländer, nehmen an den Verhandlungen der führenden Industrieländer teil und haben damit eine besondere Rolle. Die Grenze zwischen Innen- und Außenpolitik im Bereich der Wirtschafts- aber auch der Wissenschafts- und Innovationspolitik verschmilzt zunehmend. Im Zuge des technologischen Aufholprozesses sind die Schwellenländer in einem Zwischenstatus. Sie orientieren sich an den Erfahrungen der Industrieländer, passen diese an ihre eigenen Realitäten an und dienen wiederum als Orientierung für weniger entwickelte Staaten.

6.4. Forschungsdesign und weiteres Vorgehen

Um den Forschungsfragen gerecht zu werden, muss das Forschungsdesign sowohl die internationalen als auch die nationalen Triebkräfte der innovationspolitischen Interventionen berücksichtigen. Darüber hinaus müssen aber auch in ausreichender Tiefe die Abwägungsprozesse gegenüber externen Politikmodellen, Gründe für Adoption, Rejektion und Modifikation, sowie die Entstehung von Politikinnovationen und ihrer Verbreitung untersucht werden. Die Forschung erfolgt in drei Schritten:

Im *ersten* Schritt wird die internationale Governance-Struktur von Wissenschaft, Technologie und Innovation beschrieben und die vorhandenen Institutionen aufgrund ihrer vorherrschenden theoretischen Leitideen untersucht.

Im *zweiten* Schritt soll den Forschungsfrage am Beispiel der Innovationspolitik in zwei Schwellenländer in Form eines ‚*Most Similar Case Study Designs*' nachgegangen werden. Die beiden Länder, die hier gegenübergestellt werden sind Südafrika und Brasilien. Beide Länder sind Schwellenländer, die ihre Positionen im internationalen System auf der Grundlage soliden Wirtschaftswachstums in den letzten Jahren ausbauen konnten. Beide Länder sind junge Demokratien, die erst 1989 bzw. 1994 mit der Abkehr von Minderheitsregierungen entstanden. Mit dem Wechsel im politischen System standen beide Regierungen vor der Herausforderung, Politiken zu gestalten, die für alle Bürger gedacht waren. Dies erfolgte gleichzeitig mit der Öffnung der Volkswirtschaften und ihrer Integration in die Weltwirtschaft als Abkehr von Importsubstitutionsstrategien. Der hohe Wettbewerbsdruck auf die einheimischen Unternehmen brachte das Thema innovationspolitischer Interventionen auf die politische Agenda. Qualitatives Datenmaterial wird mit Interviews von Akteuren aus Politik, Wissenschaft und Industrie in Brasilien und Südafrika erhoben und in einem qualitativen Ansatz die Lernmomente, Entscheidungsmechanismen und Ideetransfer in beiden politischen Prozessen untersucht.

Im *dritten* Schritt werden das theoretische Modell und die in der vergleichenden Fallstudie ermittelten Ergebnisse in weiteren Schwellenländern überprüft.

Literatur

Almond, Gabriel; Coleman, James (1960): The Politics of the Developing Areas. Princeton: Princeton University Press.

Archibugi, Daniele; Michie, Jonathan (1997): Technology, Globalisation and Economic Performance. Cambridge: Cambridge University Press.

Archibugi, Daniele; Pietrobelli Carlo (2003): The globalisation of technology and its implications for developing countries – Windows of opportunity or further burden? In: Technological Forecasting & Social Change, Jg. 70, S: 861-883.

Bastos, Maria Ines; Cooper, Charles (1995): Politics of Technology in Latin America. London: Routledge.

Benz, Arthur (2004): Handbuch Governance: Theoretische Grundlagen und empirische Anwendungsfelder. Wiesbaden: VS Verlag für Sozialwissenschaften.

Breschi, Stefano; Malerba, Franco (1997): Sectoral Innovation Systems: Technological regimes, schumpeterian dynamics and spatial boundaries. In: Edquist, Charles (Hg.): Systems of Innovation: Technologies, Institutions and Organizations. London: Pinter.

Carlsson, Bo (Hg.) (1995): Technological Systems and Economic Performance: The Case of Factory Automation. Boston: Kluwer Academic Publishers.

Chang, Ha-Joon (2002): Kicking Away the Ladder. London: Anthem Press.

Cooke, Philip (1992): Regional innovation systems – competitive regulation in the New Europe. In: Geoforum, Jg. 23, H. 3, S. 365-382.

Costa, Ionara; de Queiroz, Sérgio Robles Reis (2002): Foreign direct investment and technological capabilities in Brazilian industry. In: Research Policy, Jg. 31, S. 1431-1443.

Dolowitz, David; Marsh, David (2000): Learning from Abroad: The Role of Policy Transfer in Contemporary Policy Making. In: Governance: An International Journal of Policy and Administration, Jg. 13, H. 1, S. 5-23.

Evans, Mark (2004): Policy Transfer in Global Perspective. Hants/Burlington: Ashgate Publishing.

Finnemore, Martha (1993): International organizations as teachers of norms: the United Nations Educational, Scientific, and Cutural Organization and science policy. In: International Organization, Jg. 47, H. 4, S. 565-597.

Finnemore, Martha (1996): National Interests in International Society. Ithaca: Cornell University.

Freeman, Christopher (1987): Technology Policy and Economic Performance: Lessons from Japan. London: Pinter Publishers.

Kuhlmann, Stefan; Shapira, Philip; Smits, Ruud (forthcoming): Introduction. A Systemic Perspective: The Innovation Policy Dance. In: Smits, Ruud; Kuhlmann, Stefan; Shapira, Philip (Hg.): The Theory and Practice of Innovation Policy: An International Research Handbook, Cheltenham: Edward Elgar.

List, Friedrich (1841): Das Nationale System der politischen Ökonomie. Cottaschen Verlag.

Lundvall, Bengt-Ake (1992): National Systems of Innovation Towards a Theory of Innovation and Interactive Learning. London: Pinter Publishers.

Lundvall, Bengt-Ake; Borrás, Susanne (2005): Science, Technology and Innovation Policy. In: Fagerberg, Jan; Movery, David; Nelson, Richard (Hg.): The Oxford Handbook of Innovation. Oxford: Oxford University Press.

Mayntz, Renate (2009): Von politischer Steuerung zu Governance? Überlegungen zur Architektur von Innovationspolitik (2008). In: Mayntz, Renate (Hg.): Über Governance - Institutionen und Prozesse politischer Regulierung. Frankfurt: Campus.

Mearsheimer, John J. (1994): The False Promise of International Institutions. In: International Security, Jg. 19, H.3, S. 5-49

Mytelka, Lynn K.; Keith, Smith (2002): Policy learning and innovation theory: an interactive and co-evolving process. In: Research Policy, Jg. 31, H. 8/9, S. 1467-1479.

Nelson, Richard (1993): National Innovation Systems A comparative Analysis. New York: Oxford University Press.

Ostry, Sylvia; Richard Nelson (1995): Techno-Nationalism and Techno-Globalism: Conflict and Cooperation. Washington: Brookings Institution Press.

Rose, Richard (2005): Learning from comparative public policy – A practical guide. New York/London: Routledge.

Smith, Adam (1957): The Wealth of Nations. London/New York: Aldine Press. Stein, Arthur (2008): Neoliberal Institutionalism. In: Reus-Smit, Christian; Snidal, Duncan (Hg.): The Oxford Handbook of International Relations. Oxford: Oxford University Press.

Teil III.
Technologie und Gesellschaft

7. Technologie und Geschlecht: Vergeschlechtlichte Praktiken, Objektivierungen und Deutungsmuster an der Schnittstelle von Entwicklung und Nutzung von Energietechnologien

Ursula Offenberger

Aufbauend auf theoretischen Ansätzen der Science and Technology Studies wird in den Gender and Technology Studies der Frage nachgegangen, wie der Zusammenhang zwischen Geschlecht und Technologie theoretisch gefasst werden kann, und wie er sich empirisch analysieren lässt. Es geht dabei um Fragen danach, inwiefern und durch welche Objektivierungen und Repräsentationen Technologien zur Reproduktion von Zweigeschlechtlichkeit als einem grundlegenden sozialen Strukturierungsprinzip beitragen (können), und wie bestehende Geschlechterverhältnisse in Technologien eingeschrieben werden.

In dem hier abgedruckten Text vertiefe ich zunächst die konzeptionellen Überlegungen zum Zusammenhang von Technologie und Geschlecht und erläutere dabei insbesondere das Konzept von Genderskripten, bevor eine empirische Analyse die Vergeschlechtlichung von technologischen Objekten am Beispiel von Wärmetechnologien für Privathaushalte aufzeigt.[1]

---

1 Der Fokus des empirischen Teils dieser Studie auf Wärmetechnologien für Privathaushalte liegt in der Einbindung der Studie in ein sozial-ökologisches Forschungsprojekt begründet, das sich mit „soziale(n), ökologische(n) und ökonomische(n) Dimensionen eines nachhaltigen Energiekonsums in Wohngebäuden" beschäftigt (weitere Informationen unter http://www.sozial-oekologische-forschung.org/de/1298.php).

7.1. Konzeptionelle Überlegungen zum Verhältnis von Technologie und Geschlecht

Ansätze der Gender and Technology Studies gehen davon aus, dass sich Technologie(verhältnisse) und Geschlecht(erverhältnisse) wechselseitig bedingen und dass ihre Relation als ko-konstitutiv verstanden werden muss (vgl. hierzu u. a. Wajcman 1991; Cockburn/Ormrod 1993; Wajcman 2000; Faulkner 2001; Oost 2003; Oudshoorn/Pinch 2003; Wajcman 2004, 2007). Was damit unter anderem gemeint sein kann, sollen zunächst zwei anschauliche Beispiele zeigen, die auf das Design von Technologien fokussieren.

Die schwedische Designerin Karin Ehrnberger hat eine Bohrmaschine und einen Handmixer entworfen, deren jeweils typische Form- und Farbgebung sie „vertauscht" hat, um so auf Geschlechterstereotype aufmerksam zu machen, die dem Design eingeschrieben sind (vgl. Abbildung 7.1). Die Form des Bohrers ist weich und stromlinienförmig, relativ klein, und seine Farben sind cremeweiss und hellblau. Der Mixer (sein Name ist „Tough and Rough – Mega Hurricane Mixer") ist in militärgrün und schwarz gehalten, der Mixstab ist aus glänzendem Stahl, und die Formen des Gerätes sind kantig.

In dieser – aus der Alltagsperspektive als solche wahrgenommenen – „Verkehrung" des Designs wird deutlich, wie bestimmten Geräten „üblicherweise" ein Aussehen gegeben wird, das Maschinen und die damit verbundenen Tätigkeiten als „typisch männlich" und für Männer bestimmt bzw. als „typisch weiblich" und für Frauen bestimmt erscheinen lässt. Zugrunde liegen dieser Designpraxis Annahmen sowohl über eine typische geschlechterdifferenzierende Arbeitsteilung im Haushalt als auch Annahmen über Eigenschaften, Geschmackspräferenzen, Kompetenzen und Interessen, die als typisch für das jeweilige Geschlecht gelten.

Die Beispiele zeigen, wie die Entwicklung sowie die Nutzung der Geräte einerseits in einen sozialen Kontext eingebettet ist, der durch bestehende Geschlechterverhältnisse strukturiert wird. Andererseits haben die Geräte durch ihr Design das Potenzial, bestehende Geschlechterverhältnisse zu stabilisieren, etwa indem sie „die Weiblichkeit" und „die Männlichkeit" der jeweiligen NutzerInnen unterstreichen und ausserdem bestätigen, dass sich mit der Nutzung der Geräte Tätigkeiten verbinden, die für das jeweilige Geschlecht als angemessen gelten – diese Annahmen werden durch die Geräte von Karin Ehrnberger in Frage gestellt.

Energietechnologien und Geschlecht 87

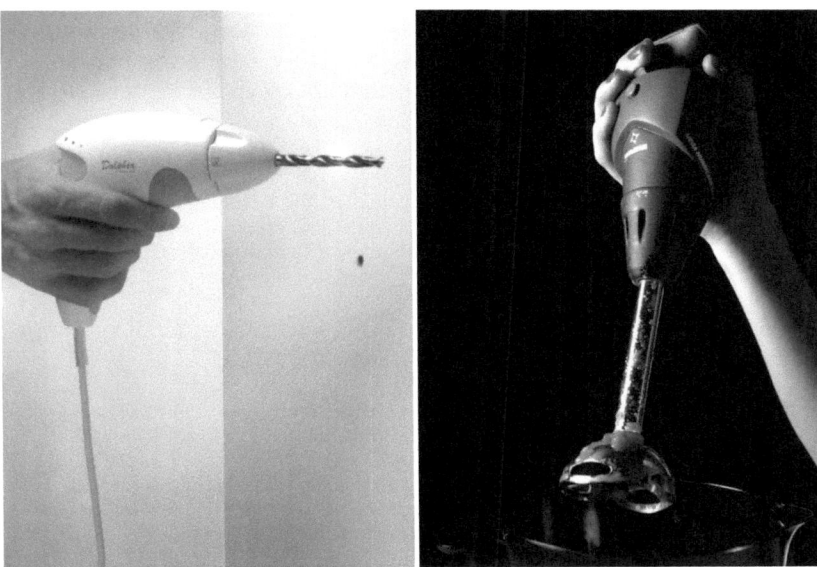

Abbildung 7.1.: „Dolphia Hand Drill" und „Mega Hurricane Mixer"
(Mit freundlicher Genehmigung von Karin Ehrnberger)

7.1.1. Genderscripts

Zu unterscheiden sind an den obigen Beispielen zwei Praktiken: die Einschreibung von Geschlechterverhältnissen in Objekte und die – wie bewusst auch immer stattfindende – „Entzifferung" solcher Einschreibungen, beispielsweise während der Nutzung von Geräten. Beide Praxen werden mit dem Konzept der ‚genderscripts' erfasst:

> „Dutch and Norwegian feminists introduced the concept of genderscript to capture all the work involved in the inscription and de-inscription of representations of masculinities and femininities in technological artifacts. [...] Technologies are represented as objects of identity projects – objects that may stabilize or de-stabilize hegemonic representations of gender." (Oost 2003: 10)

Während der Begriff der *inscription* diejenigen Annahmen über die zukünftigen NutzerInnen erfasst, die einer Technologie im Entwicklungsprozess eingeschrieben werden, geht es bei der *de-inscription* um die Nutzung und Interpretation der Technologie durch die AnwenderInnen (vgl. hierzu insbes. Akrich 1992). Diese beiden Begriffe zu unterscheiden ist deshalb wichtig, um Vorstellungen eines technologischen

Determinismus zu vermeiden, und um die Unvorhersehbarkeit und die nicht-intendierten Folgen technologischer Entwicklung fassbar zu machen. Der Begriff der *de-inscription* ermöglicht es, die interpretative Flexibilität von Technologien in den Blick zu nehmen, ein zentrales Konzept für Ansätze der *social construction of technologies*[2]:

> „During their diffusion through the market, technologies are actively translated. This is a node where interpretative flexibility is especially visible and can lead to unintended consequences (Lohan 2000)." (Eriksson-Zetterquist 2007: 307).

Analysen von Genderscripts existieren z. B. von den beiden Rasierapparaten „Philishave" und „Ladyshave" (Oost 2003: 207):

> „In the design culture of shavers certain elements were preserved only for men's devices, including black and metallic materials, displays with information and control possibilities, and references on the outside to the technology inside. The new domain of electronics was put fully in the service of developing the gender script of masculine control and technological competence. These types of interfaces and materials were unthinkable in the design culture of the Ladyshave."

Die Studie zeigt, wie in das Design geschlechterstereotype Annahmen über Technikaffinität bzw. Technikferne der zukünftigen NutzerInnen eingeschrieben sind. Im Gegensatz zum „Philishave" verweist das Design des „Ladyshave" auf den Kontext von Kosmetik. Der technische Charakter des Apparates wird z. B. dadurch unsichtbar gemacht, dass anstelle von Schrauben ein Klickmechanismus das Innenleben des Apparates verschliesst. Anders als beim „Philishave" wird den Nutzerinnen ein fehlendes Interesse bzw. fehlende Kompetenz bezüglich der technischen Details des Gerätes unterstellt.

Die Tatsache, dass für dieselbe Tätigkeit je nach Geschlecht verschiedene Gerätetypen angeboten werden, verweist unmittelbar auf das System der Zweigeschlechtlichkeit als einem grundlegenden gesellschaftlichen Strukturierungsprinzip. Jenseits aller technischen Sachzwänge werden stereotype Annahmen über männliche und weibliche Kompetenzen, Eigenschaften und Aufgaben in Artefakte eingeschrieben, die somit dazu beitragen, das System der Zweigeschlechtlichkeit zu reproduzieren.

---

2 Vgl. hierzu Wajcman (2002: 353): „Interpretative flexibility refers to the way in which different groups of people involved with a technology can have different understandings of that technology, including different understandings of its technical characteristics. Thus users can radically alter the meanings and deployment of technologies." Vgl. darüber hinaus Bijker et al. (1987); Bijker/Law (1992); Oudshoorn/Pinch (2003).

7.1.2. Verschiedene Lebensstadien von Technologien

Für die Stabilisierung von Geschlechterverhältnissen spielen nicht nur Designelemente wie Form- und Farbgebung von Objekten eine Rolle, wie es die Beispiele der Rasierapparate und der Haushaltsgeräte verdeutlichen sollten. Ebenso lassen sich weitere Bestandteile des Produktdesigns wie z. B. die Darstellung von Geräten in Werbematerialien sowie die Platzierung von Produkten in Handels- und Vertriebsstrukturen auf Vergeschlechtlichungsprozesse hin analysieren. Hierfür einschlägig, ebenso wie für die Untersuchung von weiteren Phasen im Lebenszyklus von Technologien, ist die Studie von Cynthia Cockburn und Susan Ormrod (1993). Sie analysieren den Lebenszyklus einer Haushaltstechnologie, der Mikrowelle, und fragen für die verschiedenen Stadien Entwicklung, Produktion, Vertrieb, Verkauf und Nutzung der Technologie nach der Bedeutung von Geschlechterverhältnissen. Dabei stellen sie fest, dass dem Gerät im Verlauf seines Lebenszyklus' unterschiedliche „soziale Identitäten" verliehen werden, nämlich durch

> „seine Plazierung im Laden [...] und ebenso durch Anzeigen, 'Point-of-Sale'-Material, Informationshefte und durch die Art, wie darüber gesprochen wird, sowie durch die Verkaufstaktik" (Cockburn/Ormrod 1997: 22).

Ebenso wird an der Mikrowellenstudie deutlich, dass die Zuschreibung von Bedeutungen sowie die Nutzung der Technologie vergeschlechtlicht sind und auf geschlechterdifferenzierende Arbeitsteilung verweisen:

> „We found, for instance, that when women and men were both involved in buying a microwave oven (by no means always the case) women were more likely to be the ones to express interest in and concern about the cooking benefits of the different models, men with their technological features and price. As users we found that men more frequently used the oven in the simple mode of 'pie warmer'. If anyone did any serious cooking in a microwave it was more often a woman. [...] The interactive, systemic, nature of the gendered relations of public and private life, work and home, are clearly seen here, since the higher earning power of men, their longer paid work hours and their work-generated knowledge of and confidence with technology all have a bearing on how women and men relate to the microwave oven in domestic life." (Cockburn/Ormrod 1993: 69f).

Die Nutzung der Mikrowelle als Kochgerät einerseits und als Objekt von technischem Interesse andererseits: Diese unterschiedlichen Verwendungsweisen und Konnotationen der Mikrowelle sind Beispiele für die interpretative Flexibilität von Technologien in ihrem Diffusions- und

Nutzungsstadium. Das von Cockburn und Ormrod identifizierte interpretative Repertoire ist strukturiert durch eine geschlechtlich aufgeladene Sphärentrennung zwischen Öffentlichkeit und Privatheit, durch die den Geschlechtern unterschiedliche gesellschaftliche Orte und Tätigkeiten zugewiesen werden, und ihnen unterschiedliche Vorräte an Wissen und Ressourcen zugänglich sind.

Wie oben am Beispiel der Rasierapparate (sowie des Mixers und des Bohrers) gezeigt, können solche unterschiedlich geschlechtlich aufgeladenen Repräsentationen und Muster in Form von Genderskripten in die Materialität von Artefakten eingeschrieben sein und dadurch einen materialen Kontext erzeugen, der das Handeln und die Interaktionen von Akteuren vorstrukturiert.

Doch lassen sich solche Beispiele für die Vergeschlechtlichung technologischer Artefakte auch an Objekten finden, die nicht von vornherein als geschlechterdifferente Produktlinien angeboten werden, und die nicht in Verbindung zu so stereotyp weiblichen bzw. männlichen Tätigkeiten wie dem Kochen bzw. dem Backen und dem Bohren stehen? Um einer Antwort auf diese Frage näher zu kommen, soll im folgenden Abschnitt das Beispiel von Heiztechnologien für Privathaushalte untersucht werden.

7.2. Die Vergeschlechtlichung von räumlicher Ordnung: Die Heizung für das Haus oder die Heizung für das Zuhause

Enthalten Zentralheizungssysteme für Privathaushalte Genderskripte? Dieser Frage möchte ich im Folgenden durch einen Vergleich unterschiedlicher Heiztechnologien nachgehen. Das empirische Material für die folgenden Analysen entstammt ethnographischen Beobachtungen auf Energiemessen in Süddeutschland, an denen Heiztechnologien für die breite Öffentlichkeit ausgestellt, beworben und z. T. vertrieben werden. An verschiedenen Messeständen wurden Werbebroschüren eingesammelt, die ebenso als Grundlage für die Analyse dienten wie Internetauftritte verschiedener Heizungshersteller.

Der Fokus der Analyse liegt auf den Inskriptionen, die im Verlauf von Produktions- und Vermarktungsprozessen erfolgen. Hier, im Kontext von Vertrieb und Anschaffung und damit verbundenen Verkaufs- und Beratungsinteraktionen, kommen Geräte in der Regel zum ersten Mal in Kontakt mit potenziellen NutzerInnen. Dabei schaffen die Materialität der Technologien und in sie eingeschriebene Geschlechterverhältnisse einen Rahmen, der das Handeln und die Interaktionen von Akteuren mit strukturiert.

Symbolische Ordnungen spielen für solche Rahmungen eine zentrale Rolle, wie u. a. Faulkner (2000) in ihren Untersuchungen zum Ingenieurberuf zeigt. Dort identifiziert sie einige „highly gendered dichotomies" auf der symbolischen Ebene, wie z. B. die Dichotomien personenzentriert versus technologiezentriert, sozial versus technisch, emotionale Verbundenheit versus unbeteiligte Objektivität, weiche Technologie versus harte Technologie, konkret versus abstrakt, holistisch versus reduktionistisch. Während die ersten Begriffe dieser binären Oppositionen jeweils mit Weiblichkeit assoziiert sind, gelten die zweiten eher als symbolisch männlich. Infolge Faulkner sind es die maskulinen, als höherwertig und wichtiger erachteten, Seiten der binären Oppositionen, welche gängige Vorstellungen von Wissenschaft und Technik im Kontext des Ingenieurberufs prägen, so dass technische, harte, objektive und abstrakte Aspekte von Technologie in den Vordergrund rücken. Dabei werden die eher holistischen, emotionalen, personenzentrierten und weichen Seiten von Wissenschaft und Technik ausgeklammert und „vergessen" .

Diese symbolische Ordnung, deren Relevanz Faulkner für den Ingenieurberuf aufzeigt, findet sich auch eingeschrieben in die Materialität von Heiztechnologien, und sie ist eng verbunden mit der räumlichen Ordnung des Hauses: Kessel bzw. Öfen, in denen die Feuerung für eine Zentralheizung stattfindet, sind entweder für den Wohnbereich eines Hauses entworfen oder für Heizräume in Keller oder Dachgeschoss. Hieran knüpfen sich bedeutsame Unterscheidungen, sowohl in Bezug auf das Äußere der Geräte als auch auf ihre Vermarktungsstrategien. Sie führen dazu, dass verschiedene Gerätetypen mit völlig unterschiedlichen symbolischen Identitäten konstruiert werden.[3]

Objekte, die für Heizräume o. ä. entworfen sind, entsprechen üblicherweise keinen gängigen Kriterien von Ästhetik. Vielmehr wird ihnen durch Form, Farbgebung und Proportionen eher der Charakter technologischer Geräte verliehen denn der von Objekten für modernes, designorientiertes Wohnen. Darüberhinaus werden die Broschüren, in denen solche Geräte beworben werden, dominiert von Zeichnungen, die die technische Funktionalität detailliert erklären. Daher zielen sie auf spezialisiertes technisches Interesse und Wissen ihrer zukünftigen NutzerInnen ab.

---

[3] Die folgende Analyse bezieht sich auf den Vergleich zwischen zwei Zentralheizungssystemen, die mit Holzpellets befeuert werden. In einem Fall findet die Verbrennung in einem Kessel (im Keller) statt, im zweiten Fall in einem Ofen, der üblicherweise im Wohnbereich steht, und bei dem die Wärme über Wassertaschen ins Zentralheizungssystem gelangt. Für Darstellungen der Heizungssysteme sowie der Werbebroschüren siehe die Internetseiten http://www.windhager.com/BioWINplus.48.2.html sowie http://www.windhager.com/FireWIN.96.2.html.

Ganz anders dagegen erscheinen Heizungen und ihre Repräsentationen in Werbebroschüren, wenn der zukünftige Standort der Geräte der Wohnbereich eines Hauses ist. In diesem Fall wird der technische Charakter eines Gerätes durch sein Design so in den Hintergrund gedrängt, dass Ästhetik und die Verkörperung eines gemütlichen Lebensstils die Wahrnehmung dominieren. Im Gegensatz zur Zentralheizung im Keller ist die bei der Verbrennung der Holzpellets entstehende Flamme durch eine Glasscheibe hindurch sichtbar, was entscheidend dazu beiträgt, dass die Heizung zu einem Objekt von Komfort und Wärme wird – Wärme, die man riechen, hören und sehen kann. Die Öfen sind in der Regel kleiner als Geräte, die nicht im Wohnraum stehen[4], und in ihren Proportionen, Formen, Materialien und Farben orientieren sie sich eher an modernen Standards von Geschmack und Design.

Visuelle Repräsentationen in Werbebroschüren zielen in erster Linie darauf ab, Heiztechnologie mit emotionalen Aspekten des Heizens in Verbindung zu bringen, wie etwa Komfort, Glück und einem harmonischen Familienleben. Dadurch werden Wünsche und Sehnsüchte zukünftiger NutzerInnen nach einem Zuhause angesprochen, das Erholung und Genuss bietet. Im Vergleich zur Bedeutung, die Bildern von Wohnräumen für die Werbebroschüren von Wohnzimmeröfen zukommt, spielen Details über technische Daten in solchen Broschüren eine nachgeordnete Rolle: Zwar wird nicht an technischen Angaben gespart, aber deren Darstellung bildet nicht den dominanten optischen Eindruck, den Werbebroschüren für Wohnzimmerheizungen hinterlassen.[5]

Der Vergleich zwischen Pelletkesseln für Keller- bzw. Heizräume und Pelletöfen für den Wohnbereich zeigt, dass Zentralheizungen für Privathäuser entweder primär die technische Infrastruktur eines Hauses oder das gemütliche Zuhause für die Bewohnenden repräsentieren. Mit Faulkner zeigt sich, dass dabei die Eigenschaften, die den ersten Fall charakterisieren, symbolisch männlich, die anderen symbolisch weiblich aufgeladen werden, indem die Materialität der Objekte und ihre unterschiedliche Darstellung in Werbematerial in der Logik binärer Oppositionen strukturiert sind: objektive Rationalität, emotionale Distanziertheit und abstrakte Theorie auf der einen Seite und subjektive Rationalität, emotionale Verbundenheit und konkret-ganzheitliche Zugänge auf der anderen. Die Heizkesselbroschüren arbeiten vorwiegend mit abstrakten technischen Zeichnungen, die auf „objektive" Kriterien tech-

---

4   Dies ist auch dann der Fall, wenn sich die Geräte in der Leistungsfähigkeit nicht unterscheiden.
5   Die Darstellung der beiden Objekte im Internet dagegen folgt demselben Aufbau.

nischer Funktionalität fokussieren. Indem der Verbrennungsprozess in der Brennkammer des Kessels nach außen hin unsichtbar bleibt, wird die Erzeugung von Wärme zu einer abstrakten und unsichtbaren Leistung der Zentralheizung. Dagegen ermöglicht die sicht-, riech-, tast- und hörbare Wärmeerzeugung im Pelletofen eine viel konkretere und ganzheitlichere Erfahrung von Feuer und Wärme und damit eine emotionale Verbundenheit. Hierauf zielen auch die entsprechenden Werbematerialien in erster Linie ab, indem sie die subjektive Rationalität und das Bedürfnis zukünftiger NutzerInnen nach einem schönen Zuhause ansprechen. Ebenso wie bei den Geräten der technische Charakter durch elegantes Design in den Hintergrund gerät, spielen in den Broschüren technische Details im Vergleich zu Repräsentationen von stilvollem und gemütlichem Wohnen eine untergeordnete Rolle.

7.3. Fazit

Die miteinander verflochtenen Logiken von Geschlecht, räumlicher Ordnung und technologischem Artefakt produzieren unterschiedliche Genderskripte, die den Eindruck erwecken, als ob die beiden im Vorangegangenen vorgestellten Heizungsanlagen völlig unterschiedlichen Zwecken dienen würden. Konzeption, Design und Vermarktung dieser Geräte sind untrennbar verknüpft mit der Produktion und Reproduktion einer symbolischen Geschlechterordnung, die den Geräten eingeschrieben ist. Diese Inskriptionen tragen dazu bei, dass Heiztechnologien entweder als technologisch avancierte Artefakte moderner Gebäudetechnik gelten oder als Verkörperungen eines wohnlichen Zuhauses.

Was bedeuten nun diese Befunde für die Frage nach dem Zusammenhang von Technologie und Geschlecht? Zunächst konnte gezeigt werden, dass auf unterschiedliche, vergeschlechtlichte symbolische Repertoires zurückgegriffen wird, um unterschiedliche Typen des Heizens zu entwerfen; die dafür vorgesehenen Geräte enthalten unterschiedliche Genderskripte. Die Frage, wie diese unterschiedlichen Skripte von Akteuren im Verlauf von Interaktionen „entziffert" bzw. genutzt werden, um einerseits den Geräten eine „soziale Identität" zu verleihen, und um andererseits die eigene Männlichkeit bzw. Weiblichkeit dar- und herzustellen, gehört ins Reich der Interaktionsanalyse. Das in Interaktionen von Beratung und Verkauf stattfindende „doing gender" (West/Zimmerman 1987), die interaktive Herstellung von Geschlechtszugehörigkeit, in ihrer Bezogenheit auf die materialen Artefakte zu untersuchen ist ein weiterer notwendiger Schritt, um der Frage nachzugehen, wie Technologie und Geschlecht sich wechselseitig bedingen.

Literatur

Akrich, Madeleine (1992): The De-Scription of Technical Objects. Shaping Technology/Building Society. In: Bijker, Wiebe E.; Law, John. Cambridge/MA: MIT Press, S. 205-224.

Bijker, Wiebe E.; Thomas P. Hughes; Trevor J. Pinch (Hg.) (1987): The Social Construction of Technological Systems. New Directions in the Sociology and History of Technology. Cambridge/MA: MIT Press.

Bijker, Wiebe E.; John Law (Hg.) (1992): Shaping technology – building society: studies in sociotechnical change. Cambridge/MA: MIT Press.

Cockburn, Cynthia; Susan Ormrod (1993): Gender and technology in the making. London: Sage.

Cockburn, Cynthia; Susan Ormrod (1997): Wie Geschlecht und Technologie in der sozialen Praxis gemacht werden. In: Dölling, Irene; Krais, Beate (Hg.) Ein alltägliches Spiel. Geschlechterkonstruktionen in der sozialen Praxis. Frankfurt a. M.: Suhrkamp, S. 17-48.

Eriksson-Zetterquist (2007): Editorial: Gender and New Technologies. In: Gender, Work and Organization, Jg. 14, H. 4, S. 305-311.

Faulkner, Wendy (2000): Dualisms, Hierarchies and Gender in Engineering. In: Social Studies of Science, Jg. 30, H. 5, S. 759-792.

Faulkner, Wendy (2001): The technology question in feminism: A view from Feminist Technology Studies. In: Women's Studies Int. Forum, Jg. 24, H. 1, S. 79-95.

Lohan, Maria (2000): Constructive Tensions in Feminist Technology Studies. In: Social Studies of Science, Jg. 30, H. 6, S. 895-916.

Oost, Ellen van (2003): Materialized Gender: How Shavers Configure the Users' Femininity and Masculinity. In: Oudshoorn, Nelly and Pinch, Trevor. Cambridge/MA: The MIT Press, S. 193-208.

Oudshoorn, Nelly; Trevor Pinch (Hg.) (2003): How Users Matter. The Co-Construction of Users and Technologies. Cambrigde/MA: The MIT Press.

Wajcman, Judy (1991): Feminism confronts technology. Cambridge: Polity Press.

Wajcman, Judy (2000): Reflections on gender and technology studies: In what state is the art? In: Social Studies of Science, Jg. 30, H. 3, S. 447-467.

Wajcman, Judy (2002): Adressing technological change: The challenge to social theory. In: Current Sociology, Jg. 50, H. 3, S. 347-363.

Wajcman, Judy (2004): TechnoFeminism. Cambridge: Polity Press.

Wajcman, Judy (2007): From Women and technology to gendered technoscience. In: Information, Communication & Society, Jg. 10, H. 3, S. 287-298.

West, Candace; Don H. Zimmerman (1987): Doing Gender. In: Gender & Society, Jg. 1, H. 2, S. 125-151.

8. Vertrauensbildende Maßnahmen für's Internet: Keysigning im Spannungsfeld von Vertrauen und subtilem Othering

Silke Meyer

8.1. Heranführung an das Forschungsfeld Linux-Community

Computertechnologien haben sich in den letzten Jahrzehnten rasant entwickelt und in fast alle Gesellschaftsbereiche Einzug gehalten: in Arbeit, Freizeit, öffentliche Infrastrukturen. Besonders Störungen rufen ins Bewusstsein, wie abhängig Menschen von ihrem Funktionieren und denen, die es gewährleisten, sind. Für die Benutzung von Computern ist Software unerlässlich. Die gekonnte Bedienung von Software ist der Schlüssel zur Kontrolle über Computerinfrastrukturen. Der Zugang zu Software, die Distribution und die damit verbundenen Nutzungsbedingungen strukturieren die Softwarelandschaft auf besondere Weise. Weltweit bekommen Menschen beim Kauf eines Rechners in den meisten Fällen das vorinstallierte Betriebssystem Microsoft Windows mitgeliefert. Computer, die beim Kauf ohne oder mit einem anderen Betriebssystem ausgeliefert werden, bilden die Ausnahme.

In dem hier vorgestellten Promotionsvorhaben geht es um „freie" Software, die von so genannter „proprietärer" Software abgegrenzt wird.[1] Die Entwicklung des alternativen Betriebssystems Linux versteht sich als Gegenentwurf zu proprietärer Software. Linux wird grundsätzlich anders entwickelt: Die ProduzentInnen sind nicht in einem einzigen Konzern tätig, sondern sie sind Einzelpersonen, unabhängige Gruppen und von Firmen bezahlte ProgrammiererInnen, die großteils über das Internet zusammenarbeiten. Dort stellen sie auch ihre Produkte

---
1 Ob eine Software als proprietär oder als „frei" eingestuft wird, entscheidet sich an der Lizenz, durch die sie geschützt ist, also daran, was die NutzerInnen mit ihr alles tun dürfen. Die Softwareprodukte der Firma Microsoft werden in „Freie"-Software-Kreisen abgrenzend als proprietär bezeichnet, weil sie für die NutzerInnen nicht veränderbar sind und nicht kopiert oder weitergegeben werden dürfen.

zum Download bereit, eine sehr große und ausdifferenzierte Auswahl an Software, Dokumentation und Supportforen. Linux erhebt den Anspruch, transparent zu sein: „Freie" Software wird mit ihrem Quellcode veröffentlicht, was bedeutet, dass jedeR die Konstruktionsweise der Software einsehen kann. Darüber hinaus ist sie kostenlos und darf kopiert, weitergegeben und geändert werden.[2] Die Software ist online verfügbar und damit allen Menschen mit Internetzugang zugänglich.

In den letzten Jahren hat es rege wissenschaftliche und politische Diskussionen über die alternative Produktionsweise und die Konsequenzen für die Gesellschaft gegeben. Etliche Autoren erhoffen sich, dass in der Produktion „freier" Software ihre moralischen, demokratischen oder antikapitalistischen Vorstellungen realisierbar seien. Dazu gehört allen voran der Gründer des GNU-Projektes Richard Stallman, dessen GNU Manifesto einer der ältesten und bekanntesten programmatischen Texte zu diesem Thema ist. Stallman schreibt dort:

> „The fundamental act of friendship among programmers is the sharing of programs; marketing arrangements now typically used essentially forbid programmers to treat others as friends" (Stallman 1985).

Die von ihm gegründete Free Software Foundation, geht sogar so weit, „freie" Software als einen der „Grundpfeiler für Freiheit, Demokratie, Menschenrechte und Entwicklung in einer digitalen Gesellschaft" zu bezeichnen.[3]

Ein zentrales Anliegen der Linux-„Community" ist die offene Weitergabe von Wissen: Computerprogramme werden als öffentliche Güter angesehen und sollen gemeinwohlorientiert entwickelt werden. Die Community versteht sich als offen für alle, die mitarbeiten möchten. Die Verbreitung von Linux hat Diskussionen über Arbeitsmodelle weit über den Softwarebereich hinaus angestoßen, in denen es um die Motivationen hochqualifizierter Menschen ging, die teilweise unentgeltlich arbeiten (vgl. z. B. Bitzer u. a. 2004; Hetmank 2006). Dem Betriebssystem Linux wird zugeschrieben, für das Quasi-Monopol des Konzerns Microsoft eine Konkurrenz darzustellen, weil „freie" Software transparent, verfügbar und qualitativ hochwertig ist. Dies wird oft zu einem geradezu subversiven oder antikapitalistischen Charakter von Linux stilisiert. So befasst sich z. B. das Projekt Oekonux[4] damit, ob diese Produktionsweise auf andere Bereiche übertragbar ist.

---

2 Es wurden eigene Lizenzen (wie die GNU General Public License) dazu geschaffen, diese Eigenschaften der Software auch für geänderte Versionen zu erhalten, so dass auch Derivate nicht vereinnahmt werden können.
3 Vgl. http://www.germany.fsfeurope.org/about/about.de.html.
4 Vgl. http://oekonux.de oder auch http://www.keimform.de.

Diese Erzählung von Linux als alternativer, gar antikapitalistischer Produktionsweise oder als Subversion des Umgangs mit geistigem Eigentum ist aus verschiedenen Perspektiven als Mythos entlarvt worden. Die prekarisierte und oft unbezahlte Arbeit der EntwicklerInnen passe gerade in die neoliberalen, marktorientierten Veränderungen von Arbeitsbedingungen. „Freie" Software sei durch das ausdifferenzierte Lizenzrecht nach einem bürgerlichen Eigentumskonzept verregelt. Zudem sähen die meisten Beteiligten ihre Tätigkeit nicht als politisch an, verfolgten also keine subversiven Absichten (vgl. Nuss 2006). Auch das soziale Miteinander in „freien" Softwareprojekten wurde bereits punktuell untersucht. Dave Yeats (2006) kommt zu dem Ergebnis, dass Programmierende wenig Rücksicht auf die Bedürfnisse von NutzerInnen nähmen. Patricia Jung (2006) benennt sexistische Diskriminierung in der männlich dominierten „Hackerszene" als Problem. Die bisherige Forschung bezieht sich vor allem auf die Entwicklung „freier" Software. Themen wie die Motivationen der ProgrammiererInnen, die Kommunikation zwischen Programmierenden und NutzerInnen oder geschlechtlich segregierte Arbeitsteilung in Softwareprojekten (Nafus u. a. 2006) wurden untersucht. Dabei kritisiert Jung ein „Primat der Programmierer": Code schreiben sei in „freien" Softwareprojekten mit deutlich höherem Prestige verbunden als andere Aufgaben (Jung 2006: 241). Diese Wahrnehmung wird oft auch von wissenschaftlicher Literatur reproduziert (vgl. die Kritik von Fried 2008).

Meine Untersuchung legt deshalb einen anderen Analyseschwerpunkt: Sie versucht, dem Forschungsfeld keine vorab gedachten Unterteilungen einzuschreiben, sondern nimmt die bisherigen Forschungsergebnisse zum Ausgangspunkt für eine Analyse der Praxis in so genannten Linux User Groups (LUGs)[5]. Damit knüpfe ich an soziologische bzw. feministische Theorien an, die die Herstellung und Reproduktion des Sozialen in der Praxis bzw. Interaktion sehen und den Umgang mit technischen Artefakten einbeziehen. Damit werden nicht nur Nutzerinnen und Nutzer von Linux gezielt beleuchtet, sondern auch die fließenden Übergänge zwischen Entwicklung und Nutzung sichtbar gemacht.

Im Hintergrund steht die Frage nach dem gesellschaftsverändernden Potenzial „freier" Software. Von der Idee her wird in „freien" Softwareprojekten nicht strikt zwischen SoftwareentwicklerInnen und -nutzerInnen getrennt, da es allen freisteht, sich in die Entwicklung ein-

---

5 Linux User Groups haben sich vielerorts gegründet, um eine Austauschplattform zu bieten. Sie sind sowohl eine Anlaufstelle für Menschen mit Fragen zur alltäglichen Arbeit mit dem Betriebssystem als auch ein Forum für professionellen Austausch z. B. unter SystemadministratorInnen. Einige LUGs entwickeln darüber hinaus einige Software.

zubringen. Ein Knackpunkt an dieser Idee ist das dazu nötige Wissen bzw. der Wissenstransfer: Die Software ist kostenlos und in ihrer Machart transparent, Anleitungen dazu stehen im Internet, so dass wichtige Hürden für den Zugang zu Software beseitigt sind. Hat das einen Einfluss darauf, dass die Macht über das Funktionieren von Computern bei „ExpertInnen" konzentriert ist? LUGs sind innerhalb der Community zentrale Plattformen für Wissenstransfer. Wie wird dort der Anspruch umgesetzt, Wissen „frei" zu teilen? Die Praktiken von Wissensvermittlung sind einer meiner Untersuchungsgegenstände. Die Forschungsergebnisse zu Hierarchien innerhalb von Softwareentwicklungsprojekten werfen die Frage nach Hierarchiebildung in LUGs auf: Wie werden dort Unterschiede oder Ausschlüsse hergestellt? Mein Forschungsprojekt ist somit an der Schnittstelle von Alltagstechnologien, Selbstorganisation zu deren Beherrschung und darin hervorgebrachten bzw. reproduzierten Machtbeziehungen verortet. Ich untersuche die Praxis von Linuxgruppen auf ihre internen Differenzierungsprozesse hin. Dabei frage ich danach,

- mittels welcher Praktiken die Gruppen sich konstituieren,

- welches Wissen darin zum Einsatz kommt und wie Computertechnologien in diese Praktiken involviert sind.

- wie und entlang welcher Kriterien in diesen Praktiken Differenz hergestellt wird. Welche Machtverhältnisse werden dadurch reproduziert oder neu etabliert?

Die Arbeit benennt durch die Erforschung der Mikroebene von Linux User Groups gesellschaftsverändernde Potenziale von Linux und beleuchtet gleichzeitig die Reproduktion sozialer Machtverhältnisse innerhalb dieser Gruppen.

Linux User Groups wurden aus verschiedenen Gründen als Ort für Datenerhebungen ausgewählt. Linux wird nicht nur dort produziert, wo programmiert wird, sondern auch in Praktiken des Bedienens und Arbeitens, des Erklärens und Lernens. Diese Aspekte der Hervorbringung von Linux durch Praxis sind nicht in erster Linie online, sondern bei persönlichen Zusammenkünften beobachtbar. LUGs stellen nicht nur den Rahmen für regelmäßige Treffen der lokalen Communities dar und ermöglichen damit eine teilnehmende Beobachtung. Sie sind auch heterogene Gruppen, in denen die oft konstruierte Trennung zwischen SoftwareentwicklerInnen und -nutzerInnen verschwimmt. Als institutionalisierte Plattformen für Wissenstransfer sind LUGs Orte verschiedenster Praktiken im Umgang miteinander und mit Technik. Sie organisieren verschiedene Rahmen für Wissenstransfer (Vorträge, individuelle Hilfestellung, gemeinsame Lerngruppe) und sind in diesem Zusammenhang gleichzeitig Schauplatz unterschiedlichster individueller Praktiken von Lehre, Lernen, Kooperation und Konkurrenz.

8.2. Forschungsdesign: Ethnografie

Die Praktiken der Community werden ethnografisch rekonstruiert. Das Anliegen einer Ethnografie ist es, die Funktionsweise und die Relevanzen eines Forschungsfeldes von innen heraus zu verstehen, statt ein vorgefertigtes, wissenschaftliches Kategorienraster an das Feld heranzutragen. In diesem Sinne nutze ich Literatur vorab zur Sensibilisierung in Bezug auf Machtverhältnisse, nicht aber zur theoretischen Entwicklung von Analysekategorien. Die im Feld relevant erscheinenden Kategorien werden aus dem Datenmaterial herausgearbeitet. Das Ziel der Arbeit ist ein differenziertes, spezifisches Machtkonzept für das Forschungsfeld Linux-Community.

Im Mittelpunkt steht die teilnehmende Beobachtung der Treffen einer LUG. Dort wohne ich unterschiedlichsten Vereinsaktivitäten bei (EinsteigerInnen-Treffen, Linuxkurs, Prüfungslerngruppe, Mitgestaltung von Linuxtagen). Darüber hinaus beziehe ich punktuelle Beobachtungen in anderen Gruppen und teilnehmende Beobachtungen auf Linuxtagen ein. Auch die Erhebungen, auf die ich mich in diesem Artikel beziehe, stammen von Linuxtagen, messeähnlichen Veranstaltungen mit Ausstellern, Vortragsprogramm und Raum für das Knüpfen von Kontakten. Zusätzlich führe ich Informationsgespräche und Leitfaden-Interviews, die nicht nur mir die Möglichkeit geben, Nachfragen zu beobachteten Szenen zu stellen, sondern auch den Beforschten Stellungnahmen zu meinen Zwischenergebnissen ermöglichen.

8.3. Beispiel aus dem Forschungsfeld: Keysigning-Parties

8.3.1. Was ist Keysigning?

Die Schwierigkeit, Laien zu erklären, was Keysigning ist und wozu Menschen wiederholt daran teilnehmen, sagt schon viel über Inklusion bzw. Exklusion in Bezug auf Keysigning aus – es ist sehr voraussetzungsvoll. Der Kontext von Keysigning ist verschlüsselte E-Mailkommunikation. Es ist jedoch ohne Keysigning möglich, verschlüsselte E-Mails zu verschicken und zu empfangen. Wie erklären Beteiligte die Logik des Keysigning?

Bei Verschlüsselungsverfahren geht es darum, eine Botschaft zu versenden, die nur die Person entschlüsseln kann, für die sie bestimmt ist. Dazu muss vorher übermittelt werden, wie die Botschaft entschlüsselt werden kann. Wie können Kommunikationspartner aber über große Entfernungen eine Übereinkunft treffen, wie Nachrichten zu entschlüsseln sind, ohne Gefahr zu laufen, dass jemand den Schlüssel abfängt? Die Lösung, auf die hier zurückgegriffen wird, heißt „Web of Trust". KommunikationspartnerInnen generieren sich Schlüsselpaare – einen öffentlichen Schlüssel und den dazu passenden privaten Schlüssel). Die öffentlichen Schlüssel werden im Internet veröffentlicht oder per E-Mail zugesandt.

Keysigning kommt dort ins Spiel, wo die Frage aufgeworfen wird, ob die öffentlichen Schlüssel „echt" sind, also ob sie tatsächlich der Person gehören, die vorgibt, diesen ins Internet gestellt zu haben. Ob ein öffentlicher Schlüssel „echt" ist, wird durch digitale Signaturen anderer Personen bescheinigt. Die Idee: Ich kann die Person, deren Schlüssel ich verwenden will, nicht persönlich treffen, um mir die Echtheit bestätigen zu lassen. Aber andere, die z. B. in der Nähe leben, können die Identität der Person überprüfen und dem Schlüssel eine Signatur beifügen. So kann ein Netz entstehen, nach dem Prinzip, wenn A und B gegenseitig ihre Schlüssel überprüfen und B und C dies auch tun, dann müssten sich A und C gegenseitig darauf verlassen können, dass ihre Schlüssel „echt" sind. Dieses Netz aus digitalen Signaturen ist das „Web of Trust". Im Sprachgebrauch der Community „vertraut" man sich nach dem gegenseitigen Signieren der Keys. Je mehr Menschen bzw. Schlüssel daran teilnehmen, desto höher ist die Wahrscheinlichkeit, dass ich jemandem „vertraue", der den Schlüssel der Person signiert hat, mit der ich kommunizieren möchte.

Keysigning-Parties dienen dazu, viele Personen an einem Ort zu versammeln, die sich bestätigen, dass die Schlüssel tatsächlich ihre sind. Nach der Party signieren die Teilnehmenden dann die ganzen Schlüssel der anderen. Bei Parties mit vielen TeilnehmerInnen wächst das „Web of Trust" schnell.

Die Teilnehmenden melden sich mit ihrem digitalen Schlüssel vorher an, beim Zusammentreffen wird zuerst überprüft, wer alles erschienen ist, dann bestätigen die Anwesenden sich die Echtheit der Schlüssel und weisen sich voreinander aus, um offenzulegen, dass sie wirklich die Personen sind, die sie im Internet zu sein vorgeben. Das Signieren erfolgt später am eigenen Rechner. Daran ist interessant, dass das „Vertrauen" das man einem Schlüssel aussprechen kann, von dem Computerprogramm gpg beziffert wird: Auf einer Skala von 1-5 ist abstufbar, wie stark das Vertrauen ist.

8.3.2. Keysigning als Praxis des Othering

Die teilnehmende Beobachtung auf Keysigning-Parties bietet weitaus mehr Aspekte als die hier herausgegriffenen: Ich beschränke mich auf die Interaktionen zwischen den Teilnehmenden, obwohl auch Themen wie technische Sicherheit, Ernsthaftigkeit und Genauigkeit oder der ordnende Charakter von Keysigning-Parties spannende Aspekte sind. Im Folgenden werden einige Zwischenergebnisse zusammengefasst.[6] Sie werfen die Frage auf, inwiefern Keysigning von Kategorien wie Nationalität beeinflusst ist und was dies für eine Community mit internationalem Anspruch bedeutet: Ein großer Teil der Kommunikation hatte in den beobachteten Szenen Unterschiede zwischen den Teilnehmenden zum Gegenstand.

Deutsch als Verkehrssprache bei internationalen Keysigning-Parties in Deutschland

Zu Beginn jeder Keysigning-Party wird anhand der Anmeldeliste überprüft, ob alle Angemeldeten erschienen sind. JedeR bestätigt deutlich hörbar, dass der Fingerprint des eigenen Schlüssels korrekt auf der Liste abgedruckt ist.

> „Ein Mann, der neben mir am Rand steht, fragt nach, ob Nummer 9 nun ‚okay' sei und sagt anschließend: 'I thought it is in English.' Der Versammlungsleiter schaut den Sprechenden kurz an und antwortet dann: 'No problem. I switch to English now.'" (Protokoll meines Co-Beobachters, 2008)

Auf Keysigning-Parties bei Linuxtagen mit internationalem Publikum in Deutschland melden sich an dieser Stelle mehrfach Einzelne und merken an, sie verstünden kein Deutsch, ob es möglich sei, auf Englisch fortzufahren oder zu übersetzen. Ohne dass es abgesprochen war, wurde offenbar Deutsch als Verkehrssprache der Veranstaltungen definiert. Einzelne mussten auf ihre andere Herkunft hinweisen, um überhaupt folgen zu können. Bei den beobachteten Parties war es nie problematisch, die Prozedur auf Englisch abzuhalten. Es ist offenbar vorher einfach niemand auf die Idee gekommen, dass Anwesende kein Deutsch können (während es auf denselben Großveranstaltungen Vorträge auf Englisch ganz selbstverständlich gibt). Die Praxis bringt hier eine Norm (und ihre Abweichungen) hervor: selbstverständlich Deutsch sprechende TeilnehmerInnen.

---

6 Die Herleitung von Interpretationen aus Beobachtungsprotokollen und die Reflexion meiner Forscherinnenrolle als Ethnografin finden im Rahmen dieses Artikels leider keinen Platz. Es werden nur vereinzelt Protokollausschnitte beigefügt, um kleine Einblicke ins Material zu gewähren.

Amtliche Ausweispapiere: Das Artefakt im Zentrum der Aufmerksamkeit

Eine Teilnahmebedingung von Keysigning-Parties ist der Nachweis der eigenen Identität durch gültige amtliche Ausweispapiere. Die einzigen akzeptierten Dokumente sind die, die von Staaten ausgestellt werden. In Deutschland sind das ausschließlich Personalausweise und Pässe, Führerscheine sind meist nur als zusätzliches Dokument akzeptiert. Diese Dokumente rücken bei der Identitätsprüfung in den Mittelpunkt der Aufmerksamkeit. Die Signierenden gehen langsam aneinander vorbei und prüfen, ob die Person, der Ausweis und der Name auf der Anwesenheitsliste übereinstimmen. Die Momente geben kurz Raum für Wortwechsel. Hier wurden in den beobachteten Situationen oft Informationen aus den Ausweispapieren aufgegriffen: Herkunft, äußere Erscheinung, Alter und Geschlecht gehörten zu den häufigsten Inhalten der Small-Talks. Die unabdingbare Präsenz des Artefakts Ausweis, der nur bestimmte Informationen über Personen enthält, kann erklären, warum Gespräche über Anderssein ein solch integraler Bestandteil der Keysigning-Parties wurden. Wie sich das in den beobachteten Situationen gestaltet hat, soll nun anhand einiger Beispiele genauer nachvollzogen werden.

Dialekt als Abweichung

> „A.: 'Du müsstest einen Satz auf Schwäbisch sagen.' (...) Der M. links von mir fragt: 'Warum ist dir das so wichtig?' A.: 'Ich mach meine eigene Identitätsüberprüfung.'" (Protokoll S.M., 2008)

Nicht nur Fremdsprachen konnten die Aufmerksamkeit der Teilnehmenden erregen, sondern auch Dialekte boten immer wieder Gesprächsstoff. Die Bemerkungen, die in diesem Zusammenhang fielen, mögen meistens witzig gemeint sein. Bei dauerndem Wiederaufgreifen des Themas Herkunft stellt sich jedoch die Frage, wie stark die Konstruktion von Anderssein auch in Witzen reproduziert wird.

Namen als Träger von Exotismus

Die Namen von TeilnehmerInnen fanden ebenfalls sehr große Beachtung. Fragen nach der Herkunft oder korrekten Aussprache eines Namens waren sehr häufig zu beobachten, und während einer Keysigning-Party wurden dieselben Personen immer wieder auf ihre Namen angesprochen, andere versuchten, die Aussprache nachzuahmen oder kommentierten die Namen. Unabhängig von den Absichten der KeysignerInnen haben solche (Be-)Handlungen einen exotisierenden Effekt. Die Interaktionen während großer Keysigning-Parties sind durch die organisatorische Struktur zeitlich sehr begrenzt, es findet wenig persönlicher

Austausch statt, und der bleibt häufig darauf beschränkt, „exotische" Namen hervorzuheben. Auch wird dadurch eine Norm konstruiert: der allseits bekannte Vorname.

Echtheit und Gültigkeit von amtlichen Dokumenten
In Deutschland gelten Führerscheine nicht als amtliche Ausweise; diese Tatsache wird in Zusammenhang mit dem „Web of Trust" immer wieder betont. Aus diesem Grund waren Szenen interessant, in denen Menschen mit Führerscheinen zur Keysigning-Party kamen. Einzelne können für sich entscheiden, ob sie ihn als Dokument akzeptieren und damit Andere zu vertrauenswürdigen PartnerInnen machen oder nicht. Auch wenn es nur einmal vorkam, dass einem Schweizer mit seinem Führerschein das „Vertrauen" verwehrt wurde, kann „Vertrauen" in diesem Zusammenhang mit der Staatsbürgerschaft verknüpft werden.

Hier wird die interkulturelle Kompetenz der Anwesenden relevant. Akzeptieren sie die Papiere, die ein Gegenüber mitbringt, als äquivalent zu den eigenen? Die Norm wird hier offenbar über die Staatsbürgerschaft der Mehrheit der TeilnehmerInnen hergestellt. Gleichzeitig sind heterogene Praktiken beobachtbar, wo Entscheidungen bei den einzelnen Teilnehmenden liegen. In einem Fall hat jemand den Schlüssel eines Teilnehmenden signiert, der keinen bürgerlichen Namen angegeben hat[7] – beidseitig eine abweichende Praxis.

Auch abgelaufene Ausweise boten jeder/m Teilnehmenden Raum für eine Entscheidung, ob er/sie den Key dieser Person trotzdem signiert. Nach den strengen Regeln des Keysigning[8] sind ungültige Dokumente ein Grund, das Vertrauen zu verwehren.

> „(...) das ist kein gültiges Dokument, das ist so'n prinzipielles Problem. Sicherlich, der Ausweis würde noch passen, aber es ist halt irgendwo schwer, so' ne absolute Grenze zu ziehen. Und meine Grenze ist dann zu sagen, wenn der Ausweis abgelaufen ist, dann is' halt Pech, er hat kein gültiges Dokument gehabt." (Interview, 2008)

Nach dieser Logik der Praxis sind vertrauenswürdige KommunikationspartnerInnen gesetzestreue BürgerInnen, die abgelaufene Papiere sofort ersetzen. Heterogene Praktiken waren auch hier beobachtbar: Selbst der Interviewte sprach davon, dass er von Situation zu Situation entscheide, ob er dem Gegenüber „vertraut".

---

7 Informelles Gespräch mit einem Keysigner, 2008.
8 Siehe http://alfie.ist.org/projects/gpg-party/gpg-party.de.html.

Wissen als implizite Teilnahmebedingung
Auf großen Keysigning-Parties war Wissen über Keysigning Voraussetzung: Es wurden weder genauere Erklärungen abgegeben, noch wurden grundsätzliche Fragen gestellt. (Auf einer kleineren Party gab es explizit Raum für Fragen und einführende Erklärungen, der aber kaum in Anspruch genommen wurde.)

> „Er fängt an zu rufen: ‚Aufeinander zugehen! Das muss zusammenpassen! Anschließen (zu den weiter entfernt Stehenden)! Damit wir hier mal fertig werden! Das ist dein Partner. Immer einen weiter.' P. und ein anderer stehen uns gegenüber, sie passen von der Nummer her jedoch hier nicht hin. K. ‚Teilt euch richtig ein. Weg hier.' P.: ‚Ach, hier gehts nach Nummern?' K.: ‚Ja.'" (Protokoll S.M., 2008)

Dadurch, dass Menschen, die zum ersten Mal auf einer Keysigning-Party waren, durch ihr Unwissen bezüglich des Ablaufs auffielen, erschien Keysigning auch als Praxis unter „ExpertInnen".

8.4. Gruppenkonstitution über Keysigning

Im Keysigning konstituiert sich eine Teilgruppe innerhalb der Community als diejenige, die besonderen Wert auf einen sensiblen Umgang mit elektronischen Daten legen. Die genaue Prüfung dient der Selbstinszenierung als vertrauenswürdiges Communitymitglied. Längst nicht alle, die sich der Community zugehörig fühlen, nehmen an Keysigning-Parties teil oder nehmen sie so ernst. Für diejenigen, die sie jedoch ernst nehmen, haben die Parties eine konstitutive Funktion für eine bestimmte Gruppe: Sie möchten öffentlich demonstrieren, wie wichtig ihnen Themen wie verschlüsselte Kommunikation und ein bewusster Umgang mit elektronischen Daten sind.[9] Beim Ablauf der Keysigning-Parties scheint die eigentliche Konstitution einer Gruppe bereits gelaufen zu sein, da das nötige Wissen vorausgesetzt wird. Insofern ist Keysigning ein wichtiger Bezugspunkt für nur eine bestimmte Gruppe innerhalb der gesamten Community.

Keysigning-Parties verschaffen einen Überblick über die Community: Man sieht sich (wieder), kann Namen, Gesichter und Projekte einander zuordnen, die u. U. aus dem Internet bereits bekannt sind. Die kurzen Gespräche, die bei der Identitätskontrolle geführt werden, zeigen, wie relevant vor allem Nationalität und Herkunft der TeilnehmerInnen gemacht werden. Kurz: Auf Keysigning-Parties scheint die Leute zu interessieren, wer „dazugehört". In diesen Praktiken werden zwei Sorten

---
9 Interview, 2008.

von Anderen hervorgebracht: nicht Vertrauenswürdige und Vertrauenswürdige, die durch ihre körperliche Erscheinung, ihre Herkunft, ihr Geschlecht oder ihren Wissensstand von der Norm der durchschnittlichen Teilnehmenden abweichen.

Diejenigen, die nicht vertrauenswürdig sind, können sowohl Menschen sein, die die Regeln nicht einhalten als auch jene Massen achtloser InternetnutzerInnen (und vornehmlich WindowsnutzerInnen), die gar nicht auf Keysigning-Parties gehen. Andererseits wird wie nebenbei immer wieder auf Kriterien rekurriert, die nichts mit „Vertrauenswürdigkeit" zu tun haben, sondern an denen Abweichungen von der Norm des „durchschnittlichen Teilnehmers" einer Keysigning-Party in Deutschland festgemacht werden. Die dazu nötigen Anstöße bieten sich auf dem amtlichen Dokument. Wer kein männlicher, deutschsprachiger Insider deutscher Herkunft ist, bekommt es immer wieder gesagt. Die Ordnungsliebe, die in dem Ritual zum Ausdruck kommt, ordnet ebenfalls die Ingroup nach Geschlecht, Wissen, Herkunft und Sprache.

Obwohl es um elektronische Daten geht, spielen Computer eine marginale Rolle auf Keysigning-Parties. Sie sind vor und nach der Party involviert. Ein anderes Artefakt steht dagegen im Mittelpunkt: Der Personalausweis oder Pass, der durch alle Hände wandert, der amtlich und gültig sein muss, damit der Inhaber „vertrauenswürdig" ist. Er scheint die einzige Möglichkeit des Identitätsnachweises darzustellen, macht aber auch aus den TeilnehmerInnen StaatsbürgerInnen. Er ermöglicht damit die Unterscheidung nach Nationalität. Und: Die nachgewiesene Staatsbürgerschaft ist integraler Bestandteil des Rituals, obwohl es ein erklärtes Ziel der E-Mailverschlüsselung ist, sich auch gegen den Staat als potenziellen Überwacher der Kommunikation zu schützen.

Literatur

Bitzer, Jürgen; Schrettl, Wolfram; Schröder, Philipp J. H. (2004): Intrinsic motivation in open source software development. Berlin: Fachbereich Wirtschaftswissenschaft der FU Berlin.

Fried, Andri (2008): Gemeinschaftsbildung bei Freier, Libre und Open Source Software? Studie über die Ubuntu-GNU, Linux Community ubuntuusers.de. Potsdam: unveröff. Magisterarbeit an der Wirtschafts- und Sozialwissenschaftlichen Fakultät der Universität Potsdam.

Hetmank, Maik (2006): Open-Source-Software. Saarbrücken: VDM-Verlag.

Jung, Patricia (2006): Frauen-freie Zone Open Source? In: Lutterbeck, Bernd; Bärwolff, Matthias; Gehring, Robert A. (Hg.): Open Source Jahrbuch 2006. Zwischen Softwareentwicklung und Gesellschaftsmodell, S. 235-250. (abrufbar unter http://www.opensourcejahrbuch.de/2006, letzter Zugriff 12.03.06.)

Nafus, Dawn; Leach, James; Krieger, Bernhard (2006): Free, Libre and Open Source Software: Policy Support. FLOSSPOLS Deliverable D 16. Gender. Integrated Report of Findings. (abrufbar unter http://flosspols.org/deliverables/FLOSSPOLS-D16-Gender_Integrated_Report_of_ Findings.pdf, letzter Zugriff 05.06.2006)

Nuss, Sabine (2006): Copyright & Copyriot. Aneignungskonflikte um geistiges Eigentum im informationellen Kapitalismus. Münster: Westfälisches Dampfboot.

Stallman, Richard (1985): The GNU Manifesto. (abrufbar unter http://www.gnu.org/gnu/manifesto.html, letzter Zugriff 08.04.2009).

Yeats, Dave (2006): Open-Source Software Developement And User-Centered Design: A Study Of Open-Source Practices And Participants. (abrufbar unter http://etd.lib.ttu.edu/theses/available/etd-07232006-221754/unrestricted/Yeats_Dave_Diss.pdf, letzter Zugriff 14.01.09.

Autorenhinweise

Peter Biniok, Dipl.-Inf. und Soziologe M. A., hat an der Technischen Universität Berlin Informatik und Soziologie studiert. Seine Forschungsthemen betreffen vor allem die sozialwissenschaftlichen Wissenschafts- und Technikforschung sowie Netzwerk- und Innovationsforschung. Zurzeit ist er in einem vom Schweizer Nationalfonds finanzierten Forschungsprojekt an der Universität Luzern tätig und untersucht die Konfiguration der Nanowissenschaften in der Schweiz. Seine Dissertation fokussiert dabei die soziale Organisation nanowissenschaftlicher Forschung.
(Universität Luzern, Institut für Soziologie, peter.biniok@unilu.ch)

Clemens Blümel hat in Leipzig, Dresden und Berlin das Studium der Soziologie, Psychologie und Kommunikationswissenschaften absolviert. Seine Forschungsschwerpunkte liegen im Bereich der Wissenschaftsforschung, der Forschungs- und Technologiepolitik sowie der sozialwissenschaftlichen Netzwerkanalyse. Zwischen 2007 und 2010 war er als Mitarbeiter am Fraunhofer Institut für System- und Innovationsforschung in Karlsruhe in der Abteilung „Neue Technologien" beschäftigt, wo er sich mit den politischen und institutionellen Rahmenbedingungen neuer Technologien auseinandersetzte. Gegenwärtig ist er als wissenschaftlicher Mitarbeiter an der Humboldt Universität Berlin am Institut für Sozialwissenschaften tätig. Ziel der Dissertation ist die Analyse institutioneller Dynamiken von Förderorganisationen in Deutschland und Großbritannien.
(Humboldt Universität Berlin, Universitätsstraße 3b, 10099 Berlin, bluemel@forschungsinfo.de)

Katrin Hahn, Dipl. Ökonomin, studierte an der Technischen Universität Dortmund Wirtschafts- und Sozialwissenschaften und arbeitet dort seit 2006 als wissenschaftliche Mitarbeiterin am Lehrstuhl Wirtschafts- und Industriesoziologie. Zu ihren Forschungsschwerpunkten gehören Innovationen in nicht-forschungsintensiven Sektoren sowie europäische Innovationspolitik.
(katrin.hahn@tu-dortmund.de)

Dr. Florian Kern studierte Politikwissenschaft an der Freien Universität Berlin und erwarb einen Master in Environmental Policy an der Universität Roskilde in Dänemark. Seine Forschung stützt sich auf einen interdisziplinären Mix aus Konzepten und Methoden aus der Politikfeldanalyse und der Innovationsforschung. Florian Kern arbeitet seit 2005 als wissenschaftlicher Mitarbeiter am SPRU (Science and Technology Policy Research) an der Universität Sussex. Seine Promotion beschäftigte sich mit Politikprozessen, die die Entwicklung und Verbreitung von umweltfreundlichen Technologien und Innovationen fördern.
(SPRU- Science and Technology Policy Research, University of Sussex, Brighton BN1 9QE, f.kern@sussex.ac.uk)

Silke Meyer ist Politologin und promoviert am Otto-Suhr-Institut der Freien Universität Berlin. In ihrer Dissertation untersucht sie Differenzierungspraktiken und Ausschlussmechanismen in verschiedenen Linux-Gruppen und befasst sich mit der Frage, wie Machtbeziehungen sich im Umgang miteinander und über Technik konstituieren. Ihre Forschungsarbeit ist im Schnittpunkt von Politologie, Soziologie und Ethnologie zu verorten.
(silke.meyer@fu-berlin.de)

Ursula Offenberger hat in Tübingen und Berlin Soziologie, Gender Studies und Skandinavistik studiert. Ihre Forschungsinteressen umfassen Geschlecht und nachhaltige Energie, soziale Konstruktion von Geschlecht, Wissenschafts- und Technikforschung, Paarsoziologie sowie qualitative Methoden der Sozialforschung. Seit März 2008 ist sie als Doktorandin am Lehrstuhl für Organisationspsychologie der Universität St. Gallen tätig. Sie promoviert im Rahmen eines sozialökologischen Forschungsprojektes über nachhaltigen Energiekonsum in Wohngebäuden und beschäftigt sich dabei insbesondere mit der Rolle von Geschlechterverhältnissen.
(Universität St. Gallen, Lehrstuhl für Organisationspsychologie, Varnbüelstrasse 19, CH-9000 St. Gallen, ursula.offenberger@unisg.ch)

Britta Rennkamp studierte „Regionalwissenschaften Lateinamerika" an der Universität zu Köln und ist seit 2007 wissenschaftliche Mitarbeiterin am Deutschen Institut für Entwicklungspolitik. In Forschung und Politikberatung befasst sie sich mit Fragen von Wissenschaft, Technologie und Innovation in den Internationalen Beziehungen. Seit 2008 promoviert sie in den Politikwissenschaften an den Universitäten Köln und Twente in Enschede. Im Rahmen Ihrer Doktorarbeit erforscht sie den Einfluss von Globalisierungsprozessen auf Innovationspolitiken in Schwellenländern aus einer politikwissenschaftlichen Perspektive. (Deutsches Institut für Entwicklungspolitik, Abteilung: Wettbewerbsfähigkeit und soziale Entwicklung, Tulpenfeld 6, 53113 Bonn, britta.rennkamp@die-gdi.de)

Hermann Knoflacher / Agnieszka Rosik-Kölbl / Klaus Woltron (Hrsg.)

Kapitalismus – gezähmt?
Technologie und Kapitalismus

Mit Beiträgen von Dennis Meadows, Klaus Woltron, Markus Knoflacher, Hans Peter Aubauer, Tadej Brezina, Hermann Knoflacher und Armin Reller

Frankfurt am Main, Berlin, Bern, Bruxelles, New York, Oxford, Wien, 2008.
170 S., zahlr. Graf.
ISBN 978-3-631-57161-3 · br. € 19.80*

Jeder technische Eingriff hat sichtbare und, je nach Eingriffstiefe, auch unsichtbare Auswirkungen. Neben erwünschten können sich unerwünschte, ja bedrohliche Effekte einstellen, vor allem bei technischen Eingriffen außerhalb der evolutionären Wahrnehmungsgrenzen. Der Club of Vienna beschäftigt sich nicht nur mit den Effekten technischer Eingriffe, sondern er versucht, auch den Wirkungszusammenhängen nachzugehen. Dieses Buch enthält die Referate des Symposions „Technologiebedingte Ursachen des Wachstums", das im November 2006 vom Club of Vienna veranstaltet wurde. Gestützt auf die Evolutionstheorie und auf die evolutionäre Erkenntnistheorie konnte das Projekt auch Einsichten in die Natur des Menschen vermitteln und ein besseres Verständnis für das Handeln in der vom Menschen geschaffenen künstlichen Umwelt. Führende internationale Wissenschafter gehen den vielfältigen Facetten und oft verdeckten Ursachen des sogenannten Wachstums nach. Neben der kritischen Auseinandersetzung mit dem Kapitalwachstum, das soziale Ungleichheit und Ungerechtigkeit fördert, weil Regelkreise der Kontrolle fehlen, richtet sich die Aufmerksamkeit auf die technischen Wachstumstreiber und auf die Konsequenzen, die diese Wachstumstreiber auslösen.

Aus dem Inhalt: Dennis Meadows: How technological advance facilitates growth in population and industry · *Klaus Woltron*: Technologische und wirtschaftliche Zyklen. Durchbrüche und Rückschläge · *Markus Knoflacher*: Technologische Entwicklungen und Nachhaltigkeit – ein Widerspruch? · *Hans Peter Aubauer*: „Sanfte" statt „harter" Technikpfade · *Tadej Brezina*: Technologiebedingte Ursachen des Wachstums. Empirische Zusammenhänge und Befunde · u.v.m.

Frankfurt am Main · Berlin · Bern · Bruxelles · New York · Oxford · Wien
Auslieferung: Verlag Peter Lang AG
Moosstr. 1, CH-2542 Pieterlen
Telefax 0041 (0)32/376 17 27

*inklusive der in Deutschland gültigen Mehrwertsteuer
Preisänderungen vorbehalten
Homepage http://www.peterlang.de